·语文经典名著阅读丛书·

昆虫记

[法] 亨利·法布尔 著
孙玉梅 编

北京出版集团
北京出版社

图书在版编目（CIP）数据

昆虫记 /（法）亨利·法布尔著；孙玉梅编．— 北京：北京出版社，2019. 5
（语文经典名著阅读丛书）
ISBN 978-7-200-14347-8

Ⅰ. ①昆… Ⅱ. ①亨… ②孙… Ⅲ. ①昆虫学—青少年读物 Ⅳ. ① Q96-49

中国版本图书馆 CIP 数据核字（2022）第 082176 号

策　　划：永佳世图
责任编辑：张亚娟
装帧设计：郑　琦　赵媛媛
责任印制：魏建欣

语文经典名著阅读丛书
昆虫记
KUNCHONG JI
[法] 亨利·法布尔　著
孙玉梅　编
*
北京出版集团 北京出版社 出版
（北京北三环中路 6 号）
邮政编码：100120
网　　址：www.bph.com.cn
北京出版集团总发行
新华书店经销
三河市双升印务有限公司
*
710 毫米 ×1000 毫米　16 开本　15.25 印张　218 千字
2019 年 5 月第 1 版　2023 年 8 月第 2 次印刷
ISBN 978-7-200-14347-8
定价：32.80 元
如有印装质量问题，由本社负责调换
质量监督电话：010-58572393

目 录
CONTENTS

经典导读 3

名著档案 4

重点提示 7

第一章　论祖传 1

第二章　神秘的池塘 8

第三章　蜣螂 16

第四章　蝉 25

第五章　舍腰蜂 32

第六章　螳螂 46

第七章　蜜蜂、猫、红蚂蚁 60

第八章　开隧道的矿蜂 67

第九章　萤火虫 75

第十章　被管虫 88

第十一章　樵叶蜂 101

第十二章　采棉蜂和采脂蜂 104

第十三章　西班牙犀头甲虫 109

第十四章　两种稀奇的蚱蜢 117

第十五章　黄蜂 128
第十六章　幼虫的冒险 143
第十七章　蟋蟀 157
第十八章　娇小的赤条蜂 170
第十九章　新陈代谢的工作者 177
第二十章　松毛虫 179
第二十一章　卷心菜毛虫和孔雀蛾 193
第二十二章　条纹蜘蛛 198
第二十三章　狼蛛 205
第二十四章　克鲁蜀蜘蛛 215
第二十五章　蟹蛛 224
阅读检测 230
参考答案 232
《昆虫记》读后感 233

经典导读

《昆虫记》不仅是一部文学巨著，也是一部昆虫百科，作者是法国杰出昆虫学家、文学家法布尔。《昆虫记》是法布尔花费一生的时间观察、研究、记录“虫子”汇编而成的书，与此同时，也穿插记录了法布尔的一些人生经历，包括童年时期、教书时期等。

《昆虫记》记录了昆虫真实的生活，以及它们为生存而斗争时表现出的灵性。

此书出版后曾经多次再版，先后被翻译成50多种文字。此书可谓是法布尔的传世佳作，亦是一部不朽的文学著作。

名著档案

作者简介

《昆虫记》的作者是法布尔，他是法国著名科学家、科普作家。雨果称他为“昆虫界的河马”，罗曼·罗兰称他为“掌握田野无数小虫子秘密的语言大师”。

法布尔（1823—1915）出生在法国南部的农民家庭。小时候，他的家庭经济条件不好，连中学也没有读完。但他学习非常努力，一直坚持自学。15岁时，他只身报考阿维尼翁市的师范学院，结果被正式录取。

自师范学院毕业后，法布尔开始在一家中学当老师。教学之余，他喜欢读书，自从他读了一本昆虫学的著作后，就萌生了要研究昆虫的伟大志向。1879年3月，法布尔开始去乡村研究昆虫，同年,《昆虫记》第一卷出版。之后，他继续努力研究昆虫，佳作不断问世。

背景链接

法布尔从小就喜欢大自然，喜欢昆虫类小动物、小植物。上小学时，他常跑到田野中去，兜里装满了蜗牛、蘑菇或其他虫类、植物。法布尔自师范学院毕业后，曾经当过老师。之后，他靠自修，先后取得大学物理、数学学士学位，两年后又取得自然科学学士学位。又过一年，31 岁的法布尔一举获得自然科学博士学位。他出版了《天空》《大地》《植物》《保尔大叔谈害虫》等系列作品。

1879 年 3 月，法布尔用自己的一小笔积蓄，在小乡村塞里尼昂附近买了一所坐落于荒地上的老旧民宅，他给这处老宅取了个名副其实的雅号——荒石园。在这里，他一边研究昆虫，一边写作。这一年，他的《昆虫记》第一卷出版。在以后的 30 余年里，这位“荒石园”主人身着农民的粗呢子外套，吃着粗茶淡饭，乐此不疲地从事独具特色的昆虫学研究，终于撰写出 10 卷科学巨著——《昆虫记》。

作品评价

《昆虫记》熔作者毕生的研究成果和人生感悟于一炉，以人性观察虫性，将昆虫世界化作供人类获取知识、趣味、美感和思想的美文。

艺术风格

《昆虫记》是法布尔以毕生的时间与精力，详细观察了昆虫的生活和为生活以及繁衍种族所进行的斗争，然后以其观察所得，记录详细确切的笔记，最后编写成书。

本书不仅是一部研究昆虫的科学巨著，同时也是一部讴歌生命的宏伟诗篇，它散发着浓郁的文学气息。书中语言朴实、生动活泼、语调诙谐。

重点提示

中心思想

法布尔耗费一生的时间来观察、研究“虫子”，为“虫子”写出 10 卷大部头的《昆虫记》。法布尔写的《昆虫记》真实地记录了昆虫的生活，比如，昆虫的本能、习性、劳动、婚姻、繁衍和死亡等。

《昆虫记》不仅描述了昆虫为生存而斗争时表现出的灵性，详尽地记录了法布尔的研究成果，而且记载了法布尔痴迷昆虫研究的动因、生平抱负、知识背景、生活状况等。

同时，在本书中，法布尔还将专业的生物学知识与人生感悟自然相融，既对昆虫的日常生活习性、特征进行了较为翔实的描述，又表达了自己对生活的一些独到感悟。通过种种描述，作者不仅表达了对生命的关爱之情，对万物的赞美之情，而且表达出非常珍贵的一种精神，这种精神就是求真，即追求真理、探求真相的珍贵精神。

主要动物

《昆虫记》记录了很多昆虫的习性、劳动、婚姻、繁衍和死亡等，其中，最主要的动物有充满爱心的毒蜘蛛、听不见声音的伟大歌手蝉、残忍的杀手泥蜂、可怜的奴隶蚂蚁、吃掉新郎的新娘子螳螂、快乐的屎壳郎……

情节提示

法国杰出的昆虫学家、文学家法布尔的《昆虫记》详细、深刻地描绘了昆虫的生活：石蚕、蜜蜂、螳螂、螽斯、蝉、甲虫、蟋蟀等。书中向人们展示了奇妙美丽的昆虫世界，并以虫性反观社会人生，睿智的哲思跃然纸上，使读者读后，不仅能了解一些昆虫知识，更能从中获得思想，享受一次快乐的阅读之旅。

第一章　论祖传

名师导读

在作者的祖父辈之中，只有一个人翻过书本儿，其他人都没有受过教育，所以作者喜欢研究昆虫、热爱大自然，是作者个人的事，与他的祖先没有多大的关系。

我知道，在背后议论别人的私事是十分让人讨厌的一种行为，但是我想也许大家能允许我来讲一番，并借这个机会来介绍我自己和我的研究。

①在我很小很小的时候，我就有一种与自然界的事物接近的感觉。如果你认为我的这种喜欢观察植物和昆虫的性格是从我的祖先那里遗传下来的，那简直是一个天大的笑话，因为，我的祖先都是没有受过教育的乡下佬，对其他的东西也一无所知。他们唯一知道和关心的，就是他们自己养的牛和羊。在我的祖父辈之中，只有一个人翻过书本儿，甚至就连他对于字母的拼法在我看来也是十分不可信的。至于要说到我曾经受过什么专门训练，那就更谈不上了。从小就没有老师教过我，更没有指导者，而且也常常没有什么书可看。不过，我只是朝着我眼前的一个目标不停地走，这个目标就是有朝一日在昆虫的历史上，多少加上几页我对昆虫的见解。

① 叙述，介绍了自己小时候喜欢观察动植物的个性与祖先无关，因为他们没有受过教育。

我记得我第一次去寻找鸟巢和第一次去采集野菌的情

景，当时那种高兴的心情真令我难以忘怀。

记得有一天，我去攀登离我家很近的一座山。[①]在山顶上，有一片我很早就有浓厚兴趣的树林，从我家的小窗子里看出去，可以看见这些树木朝天耸立着，在风中摇摆，在雪里弯腰。我很早就想跑到这片树林里去看一看了。这一次爬山，爬了好长的时间，而我的腿又很短，所以爬的速度十分缓慢，草坡十分陡峭，就跟屋顶一样。

① 拟人的修辞手法，“摇摆”“弯腰”等词语生动形象地写出了树木在风中的姿态。

忽然，在我的脚下，我发现了一只十分可爱的小鸟。我猜想这只小鸟一定是从它藏身的大石头上飞下来的。不到一会儿工夫，我就发现了这只小鸟的巢。[②]这个鸟巢是用干草和羽毛做成的，而且里面还排列着六个蛋。这些蛋具有美丽的纯蓝色，而且十分光亮，这是我第一次找到鸟巢，是小鸟们带给我许多的快乐中的第一次。我简直高兴极了，于是，我伏在草地上十分认真地观察它。

② 景物描写，用简洁朴实的语言表现出了鸟巢的构造以及鸟巢内的事物。

[③]这时候，母鸟十分焦急地在石上飞来飞去，而且还“塔克！塔克！”地叫着，表现出一种十分不安的样子。我当时年龄还太小，甚至还不能懂得它为什么那么痛苦。当时，我心里想出了一个计划，我首先带回去一只蓝色的蛋，作为纪念品。然后，过两星期后再来，趁着这些小鸟还不能飞的时候将它们拿走。我还算幸运，当我把蓝色的鸟蛋放在青苔（qīng tái，指阴湿地方生长的绿色苔藓植物）上，小心翼翼（xiǎo xīn yì yì，原本是严肃恭敬的意思。这里指谨慎小心，一点不敢疏忽）地走回家时，恰巧遇见了一位牧师。

③ 神情、语言描写，表现了母鸟焦急不安的状态。

他说：“呵！一个萨克锡柯拉的蛋！你是从哪里捡到这只蛋的？”

我告诉了他捡蛋的经过，并且说：“我打算再回去拿走其余的蛋，不过要等到新出生的小鸟们刚长出羽毛的时候。”

[④]“哎，不许你那样做！”牧师叫了起来，“你不可以那

④ 语言描写，表现了牧师对法布尔偷鸟蛋行为的不满。

么残忍，去抢那可怜母鸟的孩子。现在你要做一个好孩子，答应我从此以后再也不要碰那个鸟巢。”

之后，我懂得了两件事。第一件，偷鸟蛋是件残忍的事。第二件，鸟兽同人类一样，它们都有各自的名字。萨克锡柯拉的意思是什么呢?

几年后，我才晓得萨克锡柯拉的意思是岩石中的居住者，那种下蓝色蛋的鸟叫石鸟。

①有一条小河沿着我们的村子旁边悄悄地流过，在河的对岸有一片树林，全是光滑笔直的树木，就像高高耸立的柱子一般，而且地上铺满了青苔。

在这片树林里，我第一次采集到了野菌。②这野菌的形状，猛一眼看上去，就好像是母鸡生在青苔上的蛋一样。还有许多别的种类的野菌形状不一，颜色也各不相同。有的长得像小铃，有的长得像灯泡，有的长得像茶杯，还有些是破的，它们会流出像牛奶一样的泪，有些当我踩到它们的时候，变成蓝蓝的颜色了。其中，最稀奇的长得像梨一样，它们顶上有一个圆孔，大概是一种烟囱吧！我用指头往下面一戳，会有一簇烟从烟囱里面喷出来，我把它们装满了好大一袋子，等到心情好的时候，我就把它们弄得冒烟，直到后来它们缩成一种像火绒一样的东西为止。

以后，我又回到过这片有趣的树林几次。我在乌鸦队里开始研究真菌学，通过采集所得到的一切，是待在房子里不可能获得的。

我一边观察自然，一边做试验。我从别人那里，只学过两种科学性质的功课：一种是解剖学，另一种是化学。

第一种是我得益于造诣（zào yì，指学问、艺术等达到的程度）很深的自然科学家摩根·斯东，他教我如何在水盆中看蜗牛的内部结构。

① 景物描写，生动地描写出河边树林中树木笔直耸立的样子。

② 形状描写，介绍了不同野菌的不同的形状，在描写野菌的形状时采用了比喻的修辞手法，非常生动地表现了野菌的形态。

我初次学习化学时，运气就比较差了。[①]在一次试验中，玻璃瓶爆炸，多数同学受了伤，有一个人眼睛险些瞎了，老师的衣服也被烧成了碎片，教室的墙上沾满了斑点。后来，当我重新回到这间教室时，已经不是学生而是教师了，墙上的斑点却还留在那里。这一次，我至少学到了一件事，就是以后我每做一种实验，总是让我的学生们离得远一点。

我有一个最大的愿望，就是想在野外建立一个试验室。当时我还处于在为每天的面包而发愁的状况下，这真是一件不容易办到的事情！[②]我几乎四十年来都有这种梦想，想拥有一块小小的土地，把土地的四面围起来，让它成为我私人所有的土地；寂寞、荒凉、太阳曝晒、长满荆草，这些都是黄蜂和蜜蜂所喜好的环境条件。在这里，没有烦扰，我可以与我的朋友们，如猎蜂手，用一种难解的语言相互问答，这当中就包含了观察与实验。

最后，我实现了我的愿望。在一个小村落的幽静之处，我得到了一小块土地。这是一块哈麻司，这个名字是给我们洽布罗温司的一块不能耕种，而且有许多石子的地方起的。那里除了一些百里香，很少有植物能够生长起来。

我自己专有的哈麻司，有一些掺着石子的红土，并且曾经被人粗粗地耕种过了。因为原来的植物已经被人用二脚叉弄掉了，现在已经没有百里香了。百里香可以用来做黄蜂和蜜蜂的猎场，所以，我不得已又把它们重新种植起来了。

这里长满了偃卧草、刺桐花以及西班牙的牡莉植物——那是长满了橙黄色的花，并且有硬爪般的花序的植物。[③]在这些植物上，盖了一层伊利里亚的棉蓟，它那耸立的树干，有六尺高，末梢还长着大大的粉红球，带有小刺，真是武装齐备，让采集它的人不知应从哪里下手摘取才好。在它们当中，有穗形的矢车菊，长了好长一排钩子，悬钩

① 叙述，介绍了试验中很多人受伤的情景，说明了实验是失败的。

② 景物描写，表现了作者的梦想，以及黄蜂所喜欢的野外环境。

③ 景物描写，描写了棉蓟的高度、末梢、小刺，说明了它难以用手摘的原因。

子的嫩芽爬到了地上。如果你不穿高筒皮靴就来到树林里，就要因你的粗心而受到惩罚了。

这就是我四十年来拼命奋斗得来的乐园啊！

在这个稀奇而又冷清的王国里，是无数蜜蜂和黄蜂快乐的猎场，我从来没有在哪一个地方，看见过这么多的昆虫。

快看啊！这里有一种会缝纫的蜜蜂。[1]它剥下开有黄花底的刺桐的网状线，采集了一团填充的东西，很骄傲地用它的腮（颚）带走了。它准备用采来的这团东西储藏蜜和卵。那里是一群切叶蜂，在它们的身躯下面，带着各种颜色的切割用的毛刷，它们打算到邻近的小树林中，把树叶割成圆形的小片用来包裹它们的收获品。[2]这里又有一群穿着黑丝绒衣的泥水匠蜂，它们是做水泥与沙石工作的。在我的哈麻司里我们很容易在石头上发现它们工作用的工具。另外，这儿有一种野蜂，它把窝巢藏在空蜗牛壳的盘梯里。还有一种，把它的蛴螬安置在干燥的悬钩子的秆子的木髓里。第三种，利用干芦苇的沟道做它的家。至于第四种，住在泥水匠蜂的空隧道中，而且连租金都用不着付。[3]还有的蜂生着角，有些蜂后腿上长着刷子，这些都是用来收割的。

我的哈麻司的围墙建好了，到处可以看到成堆成堆的石子和细沙，这都是建筑工人们丢弃的，并且不久就被各种住户给霸占了。泥水匠蜂选了个石头的缝隙，用来做它们睡觉的地方。有一种凶悍（xiōng hàn，凶猛强悍，十分厉害）的蜥蜴，若是一不小心压到它们，它们就会去攻击人和狗。它们挑选了一个洞穴，伏在那里等待路过的蜣螂。[4]黑耳毛的鹣鸟，穿着白黑相间的衣裳，看上去好像是黑衣僧，坐在石头顶上唱简单的歌曲。那些藏有天蓝色的小蛋的鸟巢，会在石堆的什么地方才能找到呢？当石头被人搬动的时候，在石头里面生活的那些小黑衣僧自然也一块儿

❶ 动作描写，描写出了蜜蜂采集填充物的动作与神情。

❷ 外貌描写，描写了泥水匠蜂的色彩、外形以及所做的工作。

❸ 外貌描写，描写了一些蜂的角、后腿上的刷子，表现了这些蜂的特别之处。

❹ 比喻的修辞手法，生动形象地写出了鹣鸟的特征。

被移动了。我对这些小黑衣僧感到十分惋惜，因为它们是很可爱的小邻居。至于那个蜥蜴，我可不觉得它可爱，所以对于它的离开，我心里没有丝毫的惋惜之情。

①心理描写，表达了作者对掘地蜂和猎蜂处境的同情。

在沙土堆里，还隐藏了掘地蜂和猎蜂的群落，[1]令我感到遗憾的是，这些可怜的掘地蜂和猎蜂们后来被建筑工人无情地驱逐走了。但是仍然还有一些猎户们留着，它们成天忙忙碌碌，寻找小毛虫。

还有一种长得很大的黄蜂，竟然胆大包天（dǎn dà bāo tiān，形容胆量极大，任意横行，无所忌畏）地敢去捕捉毒蜘蛛，在哈麻司的泥土里，有许多这种相当厉害的蜘蛛。还有强悍的蚂蚁，它们派遣出一个兵营的力量，排着长长的队伍，向战场出发，去猎取它们强大的俘虏。

此外，在屋子附近的树林里面，住满了各种鸟雀。它们之中有的是唱歌鸟，有的是绿莺，有的是麻雀，还有猫头鹰。在这片树林里有一个小池塘，里面住满了青蛙，五月份到来的时候，它们就组成震耳欲聋（形容声音很大，耳朵就快要震聋了）的乐队。

在居民之中，最最勇敢的要数黄蜂了，它竟霸占了我的屋子。在我的屋子门口，还居住着白腰蜂。每次当我要走进屋子里的时候，我必须十分小心，不然就会踩到它们，破坏了它们开矿的工作。在关闭的窗户里，泥水匠蜂在软沙石的墙上建筑土巢。我在窗户的木框上一不小心留下的小孔，被它们利用来做门户。[2]在百叶窗的边线上，少数几只迷了路的舍腰蜂筑起了蜂巢。午饭时候一到，这些黄蜂就翩然来访，它们的目的，当然是想看看我的葡萄成熟了没有。

②叙述，说明了黄蜂来访的目的、时间等。

这些昆虫全都是我的伙伴，我的亲爱的小动物们，我从前和现在所熟识的朋友们，它们全都住在这里，每天打猎、筑巢以及养活它们的家族。

美 词 佳 句

胆大包天　震耳欲聋

在百叶窗的边线上，少数几只迷了路的舍腰蜂筑起了蜂巢。午饭时候一到，这些黄蜂就翩然来访，它们的目的，当然是想看看我的葡萄成熟了没有。

第二章　神秘的池塘

名师导读

池塘是一个让人心仪的地方，这个世界上有很多池塘，每一个池塘中都有很多与众不同的小生命，比如，水蝎、水蛭等，它们构成了池塘这个神奇可爱的缤纷世界。当你凝视着它的时候，从来不会觉得厌倦。现在，就让我们一起去探索池塘的秘密吧！

当我面对池塘，凝视着它的时候，我可从来都不觉得厌倦。在这个绿色的小小世界里，不知道会有多少忙碌的小生命生生不息（shēng shēng bù xī，生生：指变化和新生事物的发生；不息：没有终止不断地生长、繁殖）。

①在充满泥泞的池塘边，随处可见一堆堆黑色的小蝌蚪在暖和的池水中嬉戏着、追逐着；有着红色肚皮的蝾螈也把它的宽尾巴像舵一样地摇摆着，并缓缓地前进；在那芦苇丛中，我们还可以找到一群群石蚕的幼虫，它们各自将身体隐匿（yǐn nì，隐藏，躲起来）在一个枯枝做的小鞘中——这个小鞘是用来防御天敌和各种各样意想不到的灾难用的。

①动作、外貌描写，生动形象地介绍了小蝌蚪的外貌以及在池水中的动作。

②在池塘的深处，水甲虫在活泼地跳跃着，它前翅的尖端带着一个气泡，这个气泡是帮助它呼吸用的。它的胸下有一片胸翼，在阳光下闪闪发光，像佩戴在一个威武大将军胸前的一块闪着银光的胸甲。在水面上，我们可以看到一堆闪着亮光的“蚌蛛”在打着转，欢快地扭动着，那是豉

②外貌描写，描写水甲虫的个性、前翅的尖端等外形，并用比喻的修辞手法，说明了它胸翼的形状。

虫们在开舞会呢！离这儿不远的地方，有一队池鳐正在向这边游来，它们的泳姿，就像裁缝手中的缝针那样迅速而有力。

①此外，还有那蜻蜓的幼虫，穿着沾满泥巴的外套，身体的后部有一个漏斗。每当它以极高的速度把漏斗里的水挤压出来的时候，借着水的反作用力，它的身体就会以同样的速度冲向前方。

在池塘的底下，躺着许多沉静又稳重的贝壳动物。②有时候，小小的田螺们会沿着池底轻轻地、缓缓地爬到岸边，小心翼翼地慢慢张开它们沉沉的盖子，眨巴着眼睛，好奇地望着这个美丽的水中乐园，同时又尽情地呼吸着陆上空气；水蛭们伏在它们的征服物上，不停地扭动着它们的身躯，一副得意扬扬的样子；成千上万的孑孓（jié jué，是蚊子的卵在水中孵化出来的幼虫）在水中有节奏地一扭一扭，不久的将来它们会变成蚊子。

乍一看，③这是一个停滞不动的池塘，虽然它的直径不大，可是在阳光的照射下，它却犹如一个辽阔神秘而又丰富多彩的世界。它多能打动和引发一个孩子的好奇心啊！让我来告诉你，在我记忆中的第一个池塘怎样深深地吸引了我，激发起我的好奇心。

④我小的时候，家里很穷。除了妈妈继承的一所房子和一块荒芜的小园子之外，几乎什么也没有了。“我们将怎么生活下去呢？”这常常会挂在我爸爸妈妈的嘴边。

⑤“如果我们来养一群小鸭，”妈妈说，“将来一定可以换不少钱。我们可以买些油脂回来，让亨利天天照料它们，把它们喂得肥肥的。”

“太好了！”父亲高兴地说道，“让我们来试试吧。”

⑥那天晚上，我做了一个美妙的梦。我和一群可爱的小鸭子们一起漫步到池畔，它们都穿着鲜黄色的衣裳，活泼

① 外貌描写，介绍了蜻蜓幼虫的外形。

② 动作描写，介绍了田螺的日常习性以及可爱的模样。

③ 比喻的修辞手法，说明了池塘的形态、大小以及小生物的丰富多样。

④ 叙述，介绍了小时候家里的境况，说明他的家境非常贫苦。

⑤语言描写，表达了妈妈想改变生活的愿望。

⑥ 想象的修辞手法，介绍了自己的梦境，与可爱的小鸭子们一起漫步、嬉戏，说明作者非常喜欢小动物。

地在水中打闹、洗澡。我在旁边微笑地看着它们洗澡，耐心地等它们洗痛快，然后带着它们慢悠悠地走回家。半路上，我发现其中有一只小鸭累了，就小心翼翼地把它捧起来放在篮子里，让它甜甜地睡觉。

没想到就在两个月之后，我的美梦就实现了：我们家里养了二十四只毛茸茸的小鸭子。鸭子自己不会孵蛋，常常由母鸡来孵。①可怜的老母鸡分不出孵的是自己的亲骨肉还是别人家的“野孩子”，只要是那圆溜溜、和鸡蛋差不多样子的蛋，它都很乐意去孵，并把孵出来的小生物当作自己的亲生孩子来对待。负责孵育小鸭的是两只黑母鸡，其中一只是我们自己家的，而另一只是向邻居借来的。

①叙述，表明了母鸡分辨能力差，但非常有爱心。

②我们家的那只黑母鸡，每天陪着小鸭们玩，不厌其烦地和它们玩耍，让它们快乐健康地长大。我往一只木桶里盛了些水，大约有两寸高，这个木桶就成了小鸭们的游泳池。只要是晴朗的日子，小鸭们总是一边沐浴着温暖的阳光，一边在木桶里洗澡嬉戏，显得无比幸福和舒适，令旁边的黑母鸡羡慕不已。

②叙述，介绍了小鸭们洗澡嬉戏的情景，说明了它们生活的美满和舒适。

两星期以后，这只小小的木桶就不能满足小鸭们的需求了。③它们需要大量的水，这样它们才能在里面自由自在地翻身跳跃，它们还需要许多小虾米、小螃蟹、小虫子之类的作为它们的食物。而这些食物通常大量地隐藏在互相缠绕的水草中，等候着它们自己去猎取。现在我感觉到取水是个大问题，因为我们家住在山上，而从山脚下带大量的水上来是非常困难的。尤其是在夏天，我们自己都不能痛快地喝水，哪里还顾得了那些小鸭呢？

③叙述，介绍了小鸭们所需的水、食物以及食物所处的位置。

不过，在那山脚下，有一条潺潺的小溪。那倒是小鸭们的天然乐园。可是从我们家到那小溪，必须穿过一条小路，可是我们不能走那条小路，因为在那条路上我们很可

能会碰到几只凶恶的猫和狗，它们会毫不犹豫地冲散小鸭们的队伍，使我没法把它们重新聚拢在一起。于是，我只得另谋出路。

小鸭们的脚似乎也受不了这么折腾，因为它们的蹼（pǔ）还没有完全长成，还远不够坚硬。当它们走在这么崎岖的山路上，不时地发出“嘎嘎”的叫声，似乎是在请求我允许它们休息一下。每当这个时候，我也只得满足它们的要求，招呼它们在树荫下歇歇脚，否则，恐怕它们再也没有力气走完剩下的路了。

我们终于到达了目的地。那溪水浅浅的、温温的，水中露出的土丘就好像是一个个小小的岛屿。小鸭们一到那儿就飞奔过去忙碌地在岸上寻找食物。吃饱喝足后，它们会下水洗澡。①洗澡的时候，它们常常会把身体倒立起来，前身埋在水里，尾巴指向空中，仿佛在跳水中芭蕾。我美滋滋地欣赏着小鸭们优美的动作，看累了，就看看水中别的景物。

① 动作描写，非常生动地表现了小鸭们洗澡时的优美动作。

在这里我还看到了许多别的生物。其中，有一种不停地在水面上打旋，黑色的背部在阳光下发着亮光。每当我伸手去捉它们的时候，它们似乎早就预料到危险的来临，不等我碰它们，就逃得无影无踪了。

看！在那池水深处，有一团绿绿的、浓浓的水草，我轻轻拨开一束水草，立刻看到有许多小水泡争先恐后地浮到水面聚成一个大大的水泡。我想在这厚厚的水草底下一定藏着什么奇怪的生物。我继续往下探索，②看到了许多贝壳像豆子一样扁平，周围冒着几个涡圈；有一种小虫看上去像头上戴了羽毛；还有一种小生物舞动着柔软的鳍片，像穿着华丽的裙子在跳舞。我也不知道它们为什么这样不停地游来游去，也不晓得它们叫什么，我只能出神地对着这个神秘、玄妙的小溪，浮想联翩。

② 外貌描写，介绍了水草底下的贝壳以及其他小生物的外形。

玻璃池塘

你有一处建在房子里面的小池塘吗？在那个小池塘里，你可以随时观察水中生物生活的每一个片段。它没有像户外的池塘那么大，也没有太多的生物，可这些恰恰又为观察提供了有利条件。除此之外，还不会有人来打扰你。其实这并不是什么天方夜谭，这是很容易实现的。

①我的室内池塘是在铁匠和木匠的合作下建成的：先用铁条做好池架，把它装在木头做的基座上面。池上面盖着一块可以活动的木板，下面的池底是铁做的，底上有一个排水的小洞。池的四周镶着玻璃。这是一个设计得相当不错的玻璃池，就放在我的窗户旁，它的体积有 10~12 加仑。

我先往池里放进一些滑腻腻的硬块。②那是一种分量很重的东西，表面长着许多小孔，看上去很像珊瑚礁。硬块上面盖着许多绿绿的绒毛般的苔藓，这苔藓能够使水保持清洁，为什么呢？让我们来看一看吧。

③动物在水池里和我们在空气中一样，要吸入新鲜的空气，同时，排出废气（二氧化碳）。这些废气是不适宜人呼吸的。而植物刚好相反，它们吸入二氧化碳。所以池中的水草就吸收这种不可以呼吸的废气，经过一番工作后，释放出可以供动物呼吸的氧气。

如果你在充满阳光的池边站一会儿，你就能观察到这种变化，④在有水草的珊瑚礁上，那一点点发亮的闪烁的星光，好像是绿苗遍地的草坪上点缀着的零零碎碎的珍珠。这些珍珠不断地消逝，又接连不断地出现，它们会倏然在水面飞散开来，好像水底发生了小小的爆炸，冒出一串串的气泡。

① 叙述，介绍了室内池塘的制作过程，主要介绍了它所用的材质以及体积等。

② 比喻的修辞手法，非常生动地介绍了硬块的外形。

③ 叙述，介绍了池中动物和植物呼吸的不同情况。

④ 比喻修辞，非常形象地介绍了阳光下有水草的水池中“珊瑚礁”的变化，这种变化反映了动植物呼吸时产生的气泡的变化。

水草分解了水中的二氧化碳，得到碳元素，碳可以用来制造淀粉。淀粉是生物细胞所不可缺少的东西。营养物水草所吐出来的废气是新鲜的氧气。这些氧气一部分溶解在水中，供给水中的生物呼吸，另一部分离开水面跑到空气中。你在外面看到的像珍珠一样的气泡就是氧气！

①我注视着池水中的气泡，遐想了一番：在许多许多年以前，陆地刚刚脱离了海洋，那时草是第一棵植物，它吐出第一口氧气，供给生物呼吸。于是，各种各样的动物相继出现了，而且一代一代繁衍、变化下去，一直形成今天的生物世界。我的玻璃池塘似乎在告诉我一个行星航行在没有氧气的空间里的故事。

①想象，生动地表现出了“我”丰富的想象力。

石　蚕

我往我的玻璃池塘里放进一些小小的水生动物，它们叫石蚕。确切地说，它们是石蚕蛾的幼虫，平时很巧妙地隐藏在一个个枯枝做的小鞘（qiào，装刀、剑的套子，这里是指石蚕蛾的幼虫隐身的枯枝）中。

②石蚕原本是生长在泥潭沼泽中的芦苇丛里的。在许多时候，它依附在芦苇的断枝上，随芦苇在水中漂泊。那小鞘就是它活动的房子，也可以说是它旅行时随身携带的简易房子。

这活动的房子其实可以算得上是一个很精巧的编织艺术品，它的材料是由那种被水浸透后剥蚀、脱落下来的植物的根皮组成的。③在筑巢的时候，石蚕用牙齿把这种根皮撕成粗细适宜的纤维，然后把这些纤维巧妙地编成一个大小适中的小鞘，使它的身体能够恰好藏在里面。

②叙述，生动地介绍了石蚕的简易房子，用“依附”一词，表明了它与芦苇的关系。

③动作描写，表现了石蚕用牙齿筑巢时把根皮撕成纤维，又做成鞘的动作。

①叙述，介绍了石蚕房子的材料与制作过程，其中运用了比喻的修辞手法，非常生动地表现了小鞘的样子。

①有时候，它也会利用极小的贝壳七拼八凑地拼成一个小鞘，就好像一件小小的百衲衣；有时候，它也用米粒堆积起来，布置成一个象牙塔似的窝，这算是它最华丽的住宅了。

暴徒的袭击

石蚕的小鞘不但是它的寓所，同时还是它的防御工具。我曾在我的玻璃池塘里看到一幕有趣的战争，鲜明地证实了那个其貌不扬（qí mào bù yáng，形容人容貌平常或丑陋）的小鞘的作用。

②动作描写，表现了石蚕在危机面前的机智与沉着。

玻璃池塘的水中原本潜伏着一些水甲虫，它们游泳的姿态激起了我极大的兴趣。②有一天，我无意中撒下两把石蚕，正好被潜在石块旁的水甲虫看见了，它们立刻游到水面上，迅速地抓住了石蚕的小鞘，里面的石蚕感觉到此次攻击来势凶猛，不易抵抗，就想出了金蝉脱壳（jīn chán tuō qiào，指蝉变为成虫时要脱去一层壳。比喻用计脱身，使人不能及时发觉）的妙计，不慌不忙地从小鞘里溜出来，一眨眼就逃得无影无踪（wú yǐng wú zōng，没有一点踪影。形容完全消失，不知去向）了。

③心理描写，表现了水甲虫在失去想要的食物后那种无奈的心情。

③野蛮的水甲虫还在继续凶狠地撕扯着小鞘，直到知道早已失去了想要的食物，受了石蚕的骗，这才显出懊恼沮丧的神情，无限留恋又无可奈何地把空鞘丢掉，去别处觅食了。可怜的水甲虫啊！它们永远也不会知道聪明的石蚕早已逃到石块底下，重新建造它的新鞘，准备迎接你们的下一次袭击了。

美 词 佳 句

生生不息　其貌不扬　金蝉脱壳

阅读心得

我注视着池水中的气泡，遐想了一番：在许多许多年以前，陆地刚刚脱离了海洋，那时草是第一棵植物，它吐出第一口氧气，供给生物呼吸。于是，各种各样的动物相继出现了，而且一代一代繁衍、变化下去，一直形成今天的生物世界。

第三章 蜣 螂

名师导读

蜣螂是一种肥肥的黑色的昆虫，圆球是一种圆形的球状体，梨是一种香甜多汁的水果……蜣螂、圆球、梨，三者看起来没有一点关系，但实际上，却有着非常有趣的关联。这是一种什么样的关联呢？这就需要我们认真地研究一下了！

圆球状的食物

蜣螂第一次被人们谈到，是在六七千年前。古埃及的农民在春天灌溉农田时，常常看见一种肥肥的黑色的昆虫从他们身边经过，忙碌地向后推着一个圆球似的东西。他们当然很惊讶地注意到了这个奇特的旋转物体，像今日普罗旺斯的农民那样。

从前，古埃及人想象这个圆球是地球的模型，蜣螂的动作与天上星球的运转相合。他们认为这种甲虫具有这样多的天文学知识，因而，是很神圣的，所以，他们叫它“神圣的甲虫”。

这圆球并不是什么可口的食物。因为蜣螂的工作，是从地面上收集污物，这个球就是它把野外的垃圾很仔细地搓卷起来形成的。做成这个球的方法是这样的：[1]在它扁平

[1] 外貌描写，介绍了蜣螂的头形、牙齿以及功能。

的头的前边，长着六颗牙齿，它们排列成半圆形，像一种弯形的钉耙，用来掘、割东西。蜣螂用它们抛开它所不要的东西，收集起它所选好的食物。它的弓形的前腿也是很有用的工具，因为它们非常坚固，而且在外端也长有五个锯齿。

①如果需要很大的力量去搬动一些障碍物，蜣螂就利用它的臂。它左右转动它有齿的臂，用一种有力的扫除法，扫出一块小小的地方。于是，在那儿堆集起它搜集来的材料。然后，再放到四条后腿之间去推。②这些后腿是长而细的，特别是最后的一对，形状略弯曲，前端还有尖的爪子。蜣螂再用这后腿将材料压在身体下，搓动、旋转，使它成为一个圆球形。一会儿，一粒小丸就增到胡桃那么大，不久又大到像苹果一样。我曾见到有些贪吃的家伙，把圆球做到拳头那么大。

①外貌描写，介绍了蜣螂的臂以及功能。

②外貌描写，介绍了蜣螂的后腿以及功能。

③圆球状的食物做成后，必须搬到适当的地方去。于是，蜣螂就开始旅行了。它用后腿抓紧这个球，再用前腿行走，头向下俯着，臀部举起，向后退着走。把在后面堆着的物件，轮流向左右推动。谁都以为它要拣一条平坦或不很倾斜的路走。但事实并非如此！它总是走险峻的斜坡，攀登那些简直不可能上去的地方。这固执的家伙，偏要走这样的路。④这个球非常重，一步一步艰难地推，万分留心，到了相当的高度，而且它常常还是退着走的。只要稍有不慎，努力就全白费了：球滚落下去，连蜣螂也被拖下来了。再爬上去，结果，再掉下来。它这样一回又一回地向上爬，一点儿小故障，就会前功尽弃，一根草根能把它绊倒，一块滑石会使它失足。圆球和蜣螂都跌下来，混在一起，有时经过一二十次的持续努力，才得到最后的成功。有时直到它的努力成为绝望，才会跑回去另找平坦的路。

③动作描写，表现了食物圆球做好后，蜣螂搬球时的动作。

④叙述，说明了蜣螂搬运圆球工作的难度非常大。

① 叙述，说明了蜣螂邻居帮忙搬运圆球的不良动机。

有的时候，蜣螂好像是一个善于合作的动物，而这种事情是常常发生的。[①]当一个蜣螂的球已经做成，它离开它的同类，把收获品向后推动。一个将要开始工作的邻居，看到这种情况，会忽然抛下工作，跑到这个滚动的球边上来，助球主人一臂之力。它的帮助当然是值得欢迎的，但它并不是真正的伙伴，而是一个强盗。要知道自己做成圆球是需要苦工和忍耐力的！而偷一个已经做成的球，或者到邻居家去吃顿饭，那就容易多了。有的贼蜣螂，用很狡猾的手段，有的则直接动用武力！

② 动作描写，表现了球主人与贼蜣螂打架时的情景，表现了“战争”的激烈。

有时候，一个盗贼从上面飞下来，猛地将球主人击倒。然后，它自己蹲在球上，前腿靠近胸口，静待抢夺的事情发生，预备互相争斗。如果球主人起来抢球，这个强盗就给它一拳，从后面打下去。于是主人又爬起来，推这个球，球滚动了。强盗也许因此滚落，那么，接着就是一场角力比赛。[②]两只蜣螂互相扯扭着，腿与腿相绞，关节与关节相缠，它们角质的甲壳互相冲撞，发出金属互相摩擦的声音，胜利的蜣螂爬到球顶上，贼蜣螂失败几回后，只有跑开去重新做自己的小弹丸。有几回，我看见第三个甲虫出现，像强盗一样抢劫这个球。

③ 动作描写，说明了球主人在适宜于收藏的地点努力工作，而贼却偷懒的情况。

但也有时候，贼蜣螂竟会牺牲一些时间，利用狡猾的手段来行骗。它假装帮助搬运食物，经过长满百里香的沙地，或者经过有深车轮印和险峻（xiǎn jùn，山高而陡。指山势高而险，这里指所经路途难行）的地方，但实际上它用的力却很少，它只是坐在球顶观光。[③]到了适宜于收藏的地点，主人就开始用它边缘锐利的头，有齿的腿向下开掘，把沙土抛向后方，而这贼却抱住那球假装死了。土穴越掘越深，工作的蜣螂看不见了。即使有时它到地面上来看一看，球旁睡着的贼蜣螂一动不动，觉得很安心。但是主人离开的时间久了，那贼就趁这个机会，很快地将球推走，就像小偷怕被人捉住一样快。假使主人追上了它，它就赶快变更位置，看起来好像它是无辜的。

假使那贼安然逃走了，主人丢了艰苦做起来的东西，也只有自认倒霉。它揩揩（kāi kāi，动词，擦抹的意思）颊部，吸点空气飞走，重新另起炉灶。我颇羡慕而且忌妒它这种百折不挠（bǎi zhé bù náo，折：挫折；挠：弯曲。比喻意志坚强，无论受到多少次挫折，毫不动摇退缩）的品质。

最后，它的食物平安储藏好了。[①]储藏室是在软土或沙土上掘成的土穴，做得如拳头般大小，有短道通往地面，宽度恰好可以容纳圆球食物推进去，它就坐在里面，进出口用一些废物塞起来，圆球刚好塞满一屋子，肴馔从地面上一直堆到天花板。在食物与墙壁之间留下一个很窄的小道，设筵人就坐在这里，至多两个，通常只是自己一个。蜣螂昼夜宴饮（zhòu yè yàn yǐn，白天与晚上都在吃吃喝喝），差不多一个礼拜或两个礼拜，没有一刻停止过。

① 环境描写，介绍了储藏室的位置、大小以及宽度等。

梨形的巢穴

我已经说过，古埃及人认为蜣螂的卵是在我刚才叙述的圆球当中的。这个我已经证明不是如此。关于蜣螂放卵的真实情形，有一天碰巧被我发现了。

我认识一个牧羊的小孩子，他在空闲的时候，常来帮助我。[②]有一次，在六月的一个礼拜天，他到我这里来，手里拿着一个奇怪的东西，看起来好像一只小梨，但已经失掉新鲜的颜色，因腐朽而变成褐色。但摸上去很坚固，样子很好看，虽然原料似乎并没有经过精细地筛选。他告

② 叙述，介绍了蜣螂卵所寄居的梨形物体。

诉我，这里面一定有一个卵，因为[1]有一个同样的“梨”，掘地时被偶然弄碎，里面藏有一粒像麦子一样大小的白色的卵。

①比喻的修辞手法，表现了卵的大小与形状等。

第二天早晨，天才刚刚亮的时候，我就同这位牧童出去考察这个事实。

一个蜣螂的地穴不久就被找到了，或者你也知道，它的土穴上面，总会有一堆新鲜的泥土堆积在上面。[2]我的同伴用我的小刀铲向地下拼命地掘，我则伏在地上，因为这样容易看见有什么东西被掘出来。一个洞穴被掘开，在潮湿的泥土里，我发现了一个“精致的梨”。我真是不会忘记，这是我第一次看见一个母蜣螂的奇异的工作！当挖掘古埃及遗物的时候，如果我发现这蜣螂是用翡翠雕刻的，也没有我现在兴奋。

②动作描写，表现了作者与同伴用小刀铲掘洞的力度以及作者伏在地上观察的情景。

[3]我们继续搜寻，于是发现了第二个土穴。这次母蜣螂在“梨”的旁边，而且紧紧抱着这只“梨”。当然，这是在它未离开以前完工的举动，用不着怀疑，这个“梨”就是蜣螂的卵了。在这一个夏季，我至少发现了一百个这样的卵。

③动作描写，“紧紧抱着”表现了母蜣螂对于卵的精心呵护。

像球一样的“梨”，是用人们丢弃在原野上的废物做成的，但是原料要比较精细些，为的是给幼虫预备好食物。[4]当它从卵里跑出来的时候，还不能自己寻找食物，所以母亲将它包在最适宜的食物里，它可以立刻大吃起来，不至于挨饿。

④叙述，说明了母蜣螂将卵包在食物中的原因。

卵是被放在“梨”的比较狭窄的一端的。每个有生命的种子，无论植物或动物，都是需要空气的，就是鸟蛋的壳上也分布着无数个小孔。[5]假如蜣螂的卵是在“梨”的最后部分，它就闷死了，因为这里的材料粘得很紧，还包有硬壳。所以母蜣螂预备了一间精致透气的小空间，薄薄的墙壁，给它的幼虫居住，在它生命最初的时候，甚至在“梨”的中央，也有少许空气，当这些已经不够供给柔弱的幼虫消耗时，它要到中央去吃

⑤叙述，介绍了母蜣螂为卵的成长所提供的透气空间，以及幼虫要到中央吃食的原因。

食，那时它已经很强壮，能够自己支配一些空气了。

当然，“梨”大的一头包上硬壳，也是有充足的理由的。蜣螂的地穴是极热的，有时候温度竟达到沸点。这种食物，经过三四个礼拜之后，就会干燥，不能吃了。如果第一餐不是柔软的食物，而是石头一般硬得可怕的东西，这可怜的幼虫就会因为没有东西吃而饿死了。[1]在八月的时候，我就找到了许多这样的牺牲者，这些可怜的家伙被封闭在“炉内”，要减少这种危险，母蜣螂就拼命用它强健而肥胖的前臂，压那“梨”的外层，把它压成保护的硬皮，如同栗子的硬壳，用以抵抗外面的热度。在酷热的暑天，管家婆会把面包摆在闭紧的锅里，保持它的新鲜。而昆虫也有自己的方法来达到同样的目的：用压力打成锅的样子来保存“家族的面包”。

我曾经观察过蜣螂在巢里工作，所以知道它是怎样做“梨”的。

[2]它收集建筑用的材料，把自己关闭在地下，可以专心从事当前的工作，这材料大概是由两种方法得来的。通常，在自然环境下，蜣螂用常法搓成一个球推向合适的地点。当推行的时候，表面已稍微有些坚硬，并且粘上了一些泥土和细沙，这在后来是很多见的，在这种情况下，它的工作不过是捆扎材料，运进洞而已。后来的工作，却尤其显得稀奇。有一天，我见它把一块不成形的材料隐藏到地穴中去了。第二天，我到达它的工作场地时，发现这位艺术家正在工作，那块不成形的材料已成功地变成了一个“梨”，外形已经完全具备，而且做得很精致。

[3]“梨”紧贴着地面的部分，已经敷上了细沙。其余的部分，也已打磨得像玻璃一样，这表明它还没有把“梨”细细地滚过，不过是塑成形状罢了。

❶ 动作描写，拼命压“梨”的外层，说明了母蜣螂为卵保存食物而竭尽全力。

❷ 叙述，非常具体地介绍了蜣螂收集建筑用的材料、寻找储藏地以及做“梨”的过程。

❸ 景物描写，介绍了成形但没有滚过的“梨”的形状。

① 动作描写，介绍了蜣螂塑“梨”时的敲击动作。

② 比喻的修辞手法，说明了蜣螂塑“梨”的过程。

①它塑造这只“梨”时，用大足轻轻敲击，如同先前在日光下塑造圆球一样。

②蜣螂开始是做一个完整的球，然后环绕着“梨”做成一道圆环，加上压力，直至圆环成为一条深沟，做成一个瓶颈似的样子。这样，球的一端就做出了一个凸起。在凸起的中央，再加压力，做成一个火山口，即凹穴，边缘是很厚的，凹穴渐深，边缘也渐薄，最后形成一个袋。它把袋的内部磨光，然后把卵产在当中，袋的口上，即“梨”的尾端，再用一束纤维塞住。

用这样粗糙的塞子封口是有理由的，别的部分蜣螂都用腿重重地拍过，只有这里不拍。因为卵的后端朝着封口，假如塞子重压深入，幼虫就会感到痛苦。所以蜣螂把口塞住，却不把塞子撞下去。

蜣螂的生长

③ 外貌描写，说明了成长中幼虫背部的外形与皮肤的质地，表现它背部皮肤的透明性。

④ 比喻的修辞手法，说明了小昆虫翼盘的形状与可爱。

蜣螂在“梨”里面产卵约一个星期或十天之后，卵就孵化成幼虫了，它毫不迟疑地开始吃四周的墙壁。它聪明异常，因为它总是朝厚的方向去吃，不致把“梨”弄出小孔，使自己从空隙里掉出来。③不久，它就变得很肥胖了，不过，样子实在很难看，背上隆起，皮肤透明，假如你拿它来朝着光看，能看见它的内部器官。如果是古埃及人有机会看见这肥白的幼虫，在这种发育的状态之下，他们是不会猜想到将来蜣螂会具有的那些庄严和美观了。

当第一次蜕皮时，这个小昆虫还未长成完全的蜣螂，虽然全部蜣螂的形状已经能辨别出来了。④很少有昆虫能比这个小动物更美丽，翼盘在中央，像折叠的宽阔领带，前臂位于头部之下。半透明的黄色如蜜的色彩，看来真如琥珀雕成的一般。它差不多有四个星期保持这个状态，到后来，再蜕掉一层皮。

[①]这时候它的颜色是红白色，在变成檀木的黑色之前，它是要换好几回衣服的，颜色渐黑，硬度渐强，直到披上角质的甲胄，才完全长成蜣螂。

这些时候，它是在地底下梨形的巢穴里居住着的。它很渴望冲开硬壳的巢，跑到日光里来。但它能否成功，是要依靠环境而定的。

它准备出来的时期，通常是在八月份。八月的天气，照例是一年之中最干燥而且最炎热的。所以，如果没有雨水来软化泥土，要想冲开硬壳、打破墙壁，仅凭这只昆虫的力量是办不到的，它是没有法子打破这坚固的墙壁的。因为最柔软的材料，烧在“夏天的火炉”里，早已成为硬砖头了。

[②]当然，我也曾做过这种试验，将干硬壳放在一个盒子里，保持其干燥，或早或迟，听见盒子里有一种尖锐的摩擦声，这是“囚徒”用它们的耙在那里刮墙壁，过了两三天，似乎并没有什么进展。

于是，我加入一些助力给它们中的一对，用小刀戳开一个眼，但这两个小动物也并没有比其余的更有进步。

不到两星期，所有的壳内都沉寂了。这些用尽力量的“囚徒”，已经死了。

[③]于是我又拿了一些同从前一样硬的壳，用湿布裹起来，放在瓶里，用木塞塞好，等湿气浸透，才将里面的潮布拿开，重新放到瓶子里。这次试验特别成功，壳被潮气浸软后，遂被“囚徒”冲破。[④]它勇敢地用腿支持身体，把背部当作一根杠杆，认准一点不停地撞击，最后墙壁破裂成碎片。在每次试验中，蜣螂都能从中解放出来。

❶ 外貌描写，通过由红白色变成黑色前，要“换几回衣服”，来说明小昆虫成长过程中其外在色彩是不断变化的。

❷ 动作描写、叙述，通过将干硬壳放在一个盒子里的实验，说明了干燥硬壳是非常坚固的。

❸ 动作描写，详细介绍了“我”又拿硬壳、湿布做实验的过程。

❹ 动作描写，通过蜣螂出逃的动作，表现了它的勇敢与拼搏精神。

① 动作描写，介绍了小蜣螂为了自由而挣扎的动作。

② 介绍了蜣螂刚出生时的需求，“一动不动”表现了它对享受日光的专注。

在自然环境下，这些壳在地下的时候，情形也是一样的。土壤被八月的太阳烤干，硬得像砖头一样。这些昆虫要逃出牢狱，就不可能了。但[1]偶尔下过一场雨，硬壳恢复从前的松软，它们再用腿挣扎，用背推撞，这样就能得到自由了。

[2]刚出来的时候，它并不关心食物。这时它最需要的是享受日光，跑到阳光底下，一动不动地取暖。

一会儿，它就要吃了。没有人教它，它也会做，像它的前辈一样，去做一个食物的球，也去掘一个储藏之所储藏食物，一点儿不用学习，它就完全会从事这项工作。

坚固　沉寂　柔软　百折不挠

很少有昆虫能比这个小动物更美丽，翼盘在中央，像折叠的宽阔领带，前臂位于头部之下。半透明的黄色如蜜的色彩，看来真如琥珀雕成的一般。

第四章　蝉

名师导读

蝉是一种在夏天非常活跃的昆虫。每到夏天，我们就能在高大的树木上发现它。不过，蝉的成长过程与生活习性是如何的，相信很多人并不了解。对蝉好奇的朋友，可通过阅读以下的文章，来满足自己的好奇心。

蝉的地穴

我有很好的环境可以研究蝉的生活习性，因为我是与它同住的。七月初，它就占据了我屋子门前的那棵树。我是屋里的主人，门外它是最高的统治者。不过它的统治无论怎样，总是让人觉得不舒服。

蝉初次被发现是在夏至。[①]在行人很多、有太阳光照射的道路上，有好些圆孔，与地面相平，大小约如人的手指。在这些圆孔中，蝉的幼虫从地下爬出来，在地面上变成蝉。它们喜欢特别干燥而阳光充沛的地方。因为蝉的幼虫有一种有力的工具，能够刺透焙过的泥土与沙石。

当我考察它们的储藏室时，我是用手斧来开掘的。

最引人注意的，就是这个约一寸口径的圆孔，四周一点尘土都没有，也没有泥土堆积在外面。大多数的掘地昆

① 环境描写，说明了道路上所发现的圆孔的位置、大小等。

虫，例如金蜣，在它的窝巢外面总有一座土堆。蝉则不同，是由于它们工作方法不同。[①]金蜣的工作是在洞口开始，所以把掘出来的废料堆积在地面；但蝉的幼虫是从地下上来的。最后的工作，才是开辟门口的出路，因为当初并没有门，所以，它不在门口堆积泥土。

[②]蝉的隧道大都是深达十五六寸，一直通行无阻，下面的部分较宽，但是在底端却完全关闭起来。在做隧道时，泥土搬移到哪里去了呢？为什么墙壁不会崩裂（bēng liè，物体猛然分裂成若干部分）下来呢？谁都以为蝉是用有爪的腿爬上爬下的，而这样却会将泥土弄塌，把自己房子塞住。

其实，它的举措简直像矿工或铁路工程师一样。矿工用支柱支撑隧道，铁路工程师用砖墙使地道坚固。蝉也同他们一样聪明，它在隧道的墙上涂上“水泥”。这种黏液（nián yè，植物和动物体内分泌出来的黏稠液体）是藏在它身体里的，用它来做水泥。地穴常常是建筑在含有汁液的植物根茎旁的，它可以从这些根茎上取得汁液。

能够很容易地在穴道内爬上爬下，对于它是很重要的，因为当它要爬出去的时候，它必须知道外面的天气如何。所以，它要工作好几个星期，甚至一个月，才做成一道坚固的墙壁，适宜于它上下爬行。[③]在隧道的顶端，它留着手指厚的一层土，用以保护并抵御外面空气的变化，直到最后的一刹那。只要有一些好天气的消息，它就爬上来，利用顶上的薄盖可以测知天气的状况。

假使它估计到外面有雨或风暴——当纤弱的[④]幼虫蜕皮的时候，这是一件最重要的事情——它就小心谨慎地溜到隧道底下。但是如果天气看来很暖和，它就用爪击碎天花板，爬到地面上来。

在它肿大的身体里面，有一种液体，可以利用这种液

❶ 叙述，通过与其他昆虫工作方法的对比，说明了蝉不在门口堆积泥土的原因。

❷ 环境描写，介绍了隧道的深度、下部的宽度等。

❸ 环境描写，介绍了蝉在隧道顶端所留的土、土的功能，以及蝉测知气候的本能。

❹ 动作描写，表现了蝉的幼虫随着天气的变化而时上时下的动作。

体避免隧道里面产生尘土。当它掘土的时候，将液体倒在泥土上，使它成为泥浆，于是墙壁就更加柔软了。蝉的幼虫再用它肥重的身体压上去，便把烂泥挤进干土的缝隙里。因此，当它在顶端出口被发现时，身上常有许多湿土。

①蝉的幼虫，初次出现在地面上时，常常在附近徘徊，寻找适当的地点蜕掉身上的皮——一棵小矮树，一丛百里香，一片野草叶，或者一枝灌木枝——找到后，它就爬上去，用前足的爪紧紧地握住，丝毫不动。

① 环境、动作描写，介绍了蝉的幼虫蜕皮时所需的环境以及蜕皮时的动作。

它外层的皮开始由背上裂开，里面露出淡绿色的蝉。当时，头先出来，接着，是吸管和前腿，最后，是后腿与翅膀。此时，除了身体的最后尖端，身体已完全蜕出了。

然后，②它会表演一种奇怪的体操，身体腾起在空中，只有一点固着在旧皮上，翻转身体，使头向下，花纹满布的翼，向外伸直，竭力张开。然后它会用一种几乎看不清的动作，又尽力将身体翻上来，并且前爪钩住它的空皮，用这种运动，把身体的尖端从鞘中脱出，全部的过程大约需要半个小时。

② 动作、细节描写，通过“腾起、翻转”等动作，介绍了蝉的幼虫蜕皮时的一些体操性的高难度动作。

③在短时期内，这个刚被释放的蝉，还不十分强壮。它那柔软的身体，在还没具有足够的力气和漂亮的颜色以前，必须在日光和空气中好好地沐浴。它只用前爪挂在已蜕下的壳上，摇摆于微风中，依然很脆弱，依然是绿色的，直到棕色的色彩出现，才同平常的蝉一样。假定它在早晨九点钟蜕掉壳，大概在十二点半，就会弃下它的壳飞走，那壳有时挂在枝上可持续一两个月之久。

③ 外貌描写，介绍了刚蜕壳的蝉的身体外形与颜色。

蝉的音乐

蝉是非常喜欢唱歌的。它翼后的空腔里带有一种像钹

❶ 叙述，介绍了蝉为了满足音乐的嗜好，不惜一切地缩小内部器官的情况，表明了蝉在身体结构上为嗜好所做的牺牲。

❷ 动作描写，通过对蝉动作的描写，表现了它对于歌唱的热爱与执着。

❸ 叙述，描写蝉在放枪时的状态，表现出它淡定的态度。

（bó，一种打击乐器）一样的乐器。它还不满足，还要在胸部安置一种响板，以增加声音的强度。的确，①有种蝉，为了满足音乐的嗜好，牺牲了很多。因为有这种巨大的响板，使得生命器官都无处安置，只得把它们压缩到身体最小的角落里。当然了，要热心委身于音乐，那么只有缩小内部的器官来安置乐器了。

蝉与我比邻相守，到现在已有十五年了，每个夏天差不多有两个月之久，它们总不离我的视线，而歌声也不离我的耳畔。我通常都看见②它们在大树的柔枝上排成一列，歌唱者和它的伴侣比肩而坐，把吸管插到树皮里，动也不动地狂饮。夕阳西下，它们就沿着树枝用慢而且稳的脚步，寻找温暖的地方。无论在饮树汁或行动时，它们从未停止过歌唱。

它有非常清晰的视觉。它的眼睛会告诉它左右以及上方有什么事情发生，只要看到有谁跑来，它会立刻停止歌唱，悄然飞去。然而，喧哗（xuān huá，形容声音大而杂乱）却不足以惊扰它。你尽管站在它的背后讲话、吹哨子、拍手、撞石子，这蝉却仍然继续发声，好像没事儿一样。

有一回，我借来两支乡下人办喜事用的土铳，里面装满火药，就是最重要的喜庆事也用这么多。我将它放在门外的大树下。我们很小心地把窗打开，以防玻璃被震破。在头顶树枝上的蝉，看不见下面在干什么。

我们六个人等在下面，热心倾听头顶上的乐队会受到什么影响。“砰！”枪响了，声如霹雷。

③蝉一点没有受到影响，它仍然继续歌唱。它既没有表现出一点儿惊慌失措之状，声音的质与量也没有一点改变。第二枪和第一枪一样，也没有对它产生影响。

我想，经过这次试验，我们可以确定，蝉是听不见的，好像一个聋子，它对自己所发的声音是一点也感觉不到的！

蝉的卵

普通的蝉喜欢把卵产在树干的细枝上，它选择最小的枝，粗细大都在枯草与铅笔之间。这些小枝干，垂下的很少，常常向上翘起，并且差不多已经枯死了。

①蝉找到适当的细树枝，即用尾部尖锐的工具，把它刺上一排小孔——这样的孔好像是用针斜刺下去的，把纤维撕裂，使其微微挑起。如果不被打扰，在一根枯枝上，它常常能刺三四十个孔。

②它的卵就产在这些小孔里，这些小孔是一个个斜下去的。每个小孔内，平均约有十个卵，所以总数有三四百个。

蝉之所以产这么多卵，是为防御一种特别的危险，必须要生产出大量的幼虫，预备将会被毁坏掉一部分。这种危险是一种极小的蚋，拿它们的大小相比较，蝉简直是庞然大物呢！

蚋和蝉一样，也有穿刺工具，位于身体下面靠近中部的地方，伸出来时和身体成直角。蝉卵刚产出，蚋立刻就会把它毁坏。这真是蝉家族中的灾祸！大怪物只需一踏，就可轧扁它们，然而，它们竟镇静异常，毫无顾忌，置身于大怪物之前，真令人惊讶。我曾见过三只蚋顺序地排列着，同时预备掠夺一个倒霉的蝉卵。

③蝉刚装满一个小穴的卵，移到稍高处另外做穴时，蚋立刻就会到那里去，虽然蝉的爪可以够得着它，然而它却有恃无恐，像在自己家里一样，它们在蝉卵之上，加刺一

❶ 动作、环境描写，说明了蝉在为卵选择适当的细树枝，并进行刺孔的工作。

❷ 叙述，介绍了产卵的小孔以及小孔中卵的数量。

❸ 动作、神情描写，表现蚋的无赖特性。

个孔，将自己的卵产进去。蝉飞回去时，它的孔穴内，多数已加进了别人的卵，这些冒充的家伙能把蝉的卵毁坏掉。这种成熟得很快的蚋的幼虫——每个小穴内一个，即以蝉卵为食，代替了蝉的家族。

这可怜的蝉的母亲仍一无所知。它那大而锐利的眼睛，并非看不见这些可怕的恶人鼓翼其旁。它当然知道有其他昆虫跟在后面，然而它仍然不为所动，宁肯自己做出牺牲。

①从放大镜里，我曾见过蝉卵的孵化过程。开始很像极小的鱼，眼睛大而黑，身体下面有一种鳍状物。由两条前腿连在一起组成。这种鳍有些运动能力，可以帮助蝉的幼虫冲出壳外，并且帮它从有纤维的树枝中出来，而这恰恰是比较困难的事情。

① 外貌描写，描写了蝉卵孵化时，它最初的形状、眼睛等。

鱼形幼虫到穴外后，立刻把皮蜕去。但蜕下的皮会形成一种线，幼虫依靠它附着在树枝上。它在未落地以前，就在这里进行日光浴，用腿踢着，试试它的精力，有时则又懒洋洋地在绳端摇摆。

②等到触须自由了，可以左右挥动，腿可以伸缩，在前面的能够张合其爪，身体悬挂着，只要有一点微风，就摇摆不定，在空气中翻跟斗。我所看到的昆虫中再没有比这个更为奇特的了。

② 动作描写，表现了触须自由后，蝉的幼虫自由生活的状态以及在微风下身体的表现与动作。

不久，它就落到地面上来。这个像跳蚤一般大小的小动物，在它的绳索上摇荡，以防在硬地面上摔伤。它的身体渐渐地在空气中变硬。现在，它该投入严肃的实际生活中去了。

此时，它仍有着千重危险。只要有一点儿风，就能把它吹到硬的岩石上，或车辙的污水中，或不毛的黄沙上，或硬得它不能钻下去的黏土上。

③这个弱小的动物，迫切地需要藏身，所以必须立刻钻到地下寻觅藏身之所。天气冷起来了，迟缓一些就有死亡

③ 叙述，描写了蝉出生后作为弱小动物处境的危险，从而说明了它急于寻找藏身之所的原因。

的危险。它不得不四处寻找软土，毫无疑问，它们之中有许多在没有找到合适的地方之前就死去了。

[1]最后，它寻找到适当的地点，用前足的钩耙挖掘地面。从放大镜中，我看见它挥动斧头向下掘，并将土抛出地面。几分钟后，土穴完成，这个小生物钻下去，把自己埋起来，此后就再也看不见了。

❶ 动作描写，展现了蝉的幼虫做土穴时的情景。

未长成的蝉的地下生活状态，至今还是未被发现的秘密，我们所知道的，只是它的地下生活时间大概是四年。此后，日光中的歌唱不到五个星期。

四年黑暗的苦工，一个月左右日光中的享乐，这就是蝉的生活，我们不应厌恶它歌声中的烦躁浮夸。因为它掘土四年，现在忽然穿起漂亮的衣服，长出可以与飞鸟匹敌的翅膀，在温暖的日光中沐浴着。那种钹的声音能高到足以歌颂它的快乐，如此难得，而又如此短暂。

纤弱　庞然大物

它掘土四年，现在忽然穿起漂亮的衣服，长出可以与飞鸟匹敌的翅膀，在温暖的日光中沐浴着。

第五章　舍腰蜂

名师导读

一提到蜂，很多人首先会想到营养价值极高的蜂蜜，想到蜜蜂的勤劳品性。其实，蜂的家族还有许多其他的成员。舍腰蜂就是其中的一员。舍腰蜂有许多鲜为人知的趣事，比如，舍腰蜂的房子是如何建造成的？舍腰蜂又以何为生？这些谜团，都需要我们好好去揭开。

选择造屋的地点

有很多种昆虫都非常喜欢在我们的屋子旁建筑它们的巢穴，在这些昆虫中最引人注目的要首推一种叫舍腰蜂的动物了。为什么呢？主要原因在于，①舍腰蜂有着十分美丽而动人的身材，非常聪明的头脑，还有一点应该注意的就是它那非常奇怪的窠巢。但是，知道舍腰蜂这种小昆虫的人却是很少的。甚至有的时候，它们住在某一户人家的火炉旁，但是，这户人家对这个小邻居竟然一无所知。为什么呢？主要是由于②它那种生下来就具备了的安静而且平和的本性。因此，连房子的主人都不知道它就住在自己的家里。现在，就让我来把这个谦逊（qiān　xùn，虚心，不自满，不自高自大）的、默默无闻（mò mò wú wén，无声无息，没人知道。指没有什么名声）的小动物，从不知名中提拔

①叙述，介绍了舍腰蜂的身材、头脑，让人对它有了初步的印象。

②叙述，介绍了舍腰蜂的习性。

出来吧！

①舍腰蜂是一种非常怕冷的动物。它搭建起自己的帐篷，在蝉儿纵情高歌的阳光下建筑自己的安乐之所，甚至有的时候，为了它们整个家族的需要，为了让大家都觉得比在阳光下更加温暖舒适一些，它们常常要求和我们做伴。不用敲开主人的大门，询问一下主人是否同意它们同住在一个屋檐下，便自作主张地举家迁移进来，并且定居下来享受生活。

①叙述，介绍了舍腰蜂喜暖怕冷的习性，从而说明它喜欢与人类做伴的原因。

②舍腰蜂平常的居所，主要是一些农夫们单独的茅舍。在那茅屋的门外，大部分都生长着一些高大挺拔的无花果树。这些无花果树的树荫遮盖着一口小小的水井。舍腰蜂在确定它具体的住所的时候，会选择一个能够暴露在夏日里的炎热之下的地点，并且有可能的话选择一个大一点儿的火炉，还要有一些能够燃烧使用的柴火，这些条件对于舍腰蜂而言都是必要的、不可缺少的，这是由它的天性所决定的。到了寒冷的冬天的夜晚，火炉中喷射出来的温暖无比的火焰，对于它的选择，有着十分重要的影响力。相反，要是烟囱里面并没有什么黑炭的话，那么，它是绝对不会信任这种地方的，也绝对不会选择这样的地方来建筑自己的家。

②景物描写，介绍了舍腰蜂居所的环境以及选择居所的条件。

在七八月里的大暑天中，这位小客人忽然出现了。它在找寻着适合建巢的地点。舍腰蜂一点儿也不为屋子里的喧闹行为所惊动和扰乱。而住在屋子里的人们也一点儿都注意不到它。③只不过有的时候，舍腰蜂利用它那尖锐的目光，有的时候又利用它那灵敏的触须，视察一下已经变得乌黑的天花板、木缝、烟囱等。一旦视察工作完毕，并且已经决定了建巢的地点后，它们便立即飞走了。然后，不久就会带着少量的泥土又飞回来，于是筑造家园的工作便正式破土动工了。

③动作描写，说明舍腰蜂选择居所时，非常用心。

舍腰蜂所选择的地点各不相同，这也是非常奇怪的一个特点。炉子内部的温度最适合那些小蜂了，因此，舍腰蜂所中意的地点，至少得是烟囱内部的两侧，其高度大约是 20 寸或者差不多的地方。不过，这个地点也有缺点。①由于巢是建在烟囱的内部，那么，自然便会有烟在里面。如果烟要是喷到蜂巢上面，那么，巢中的舍腰蜂就会被“污染”了，会被弄成棕色的或者是黑色的，就好像烟囱里被熏过的砖石一样。假使火炉里的火焰烧不到蜂巢，那还不是一件最要紧的事，最重要的事是小舍腰蜂有可能会被闷死在黏土罐子里。不过，不用替它们担心，它们的母亲似乎早就已经知道这些事情了，因为这位母亲总是把它自己的家安排在烟囱的适当位置上。它们选定的位置非常宽大。在那个地方，除了烟灰以外，其他的东西都是很难到达的。

虽然舍腰蜂样样都当心，时刻都仔细、谨慎，但是“智者千虑，必有一失”，当舍腰蜂正在建造它的房屋的时候，如果有一阵蒸汽或者是烟幕侵扰，那么，它刚刚建成一半的房子，便不得不半途而废。②特别是在这家的主人煮、洗衣服的日子里，这种事情发生的可能性最大，危险性也最大。一天从早到晚，大盆子里的水不停地滚沸着，炉灶里的烟灰、大盆和木桶里面的大量蒸汽，一起混合成为浓厚的云雾。这给蜂巢造成了严重的威胁。这个时候舍腰蜂就会面临着家毁蜂亡的危险。

我以前曾经听别人说过，河鸟在回巢的时候，总是要飞过水坝下的大瀑布。但舍腰蜂也毫不示弱。③它在回巢的时候，口中总是要含着一块用于建造巢穴的泥土，要想到达它的施工工地，就要从浓厚的烟灰中穿越过去。那层烟幕简直太厚重了，舍腰蜂冲进去以后，就完全看不见它那小小的身影了。虽然看不见它那小小的躯体，但是能够听见一阵不太规则的声音。这是它在一边工作，一边低声地

①叙述，介绍了舍腰蜂的巢有可能被“污染”的原因与情况，“就好像烟囱里被熏过的砖石一样”，生动地表现了舍腰蜂的巢被“污染”的样子。

②叙述，通过介绍主人在煮、洗衣服时，对舍腰蜂造房所产生的污染，说明了人类日常生活对其居所产生的不良影响。

③动作描写，表现了舍腰蜂建造房子时的非凡勇气。

歌唱。因此，我们可以断定，[1]舍腰蜂肯定还待在里面，而且它很快乐，高高兴兴地、不知劳苦地建造着它自己的住所。看得出来，它对自己的劳动很满意，也很乐意从事这项工作。忽然，劳动之歌停止了。不一会儿它飞出来了，从那层充满神秘色彩的浓雾里飞出来了，它安然无恙，没有任何伤。毕竟这是它的本能嘛！差不多每天它都要经过很多次这种十分危险的事情，直到它把巢最终建好，把食物都储藏好！

舍腰蜂在我的炉灶里不停地忙碌着，建造住所，储备食物。记得我第一次看到它们的时候，是有一天我在洗衣服，[2]忽然，我看见了一个非常奇怪而且轻灵的小昆虫。它从木桶里升腾起来的蒸汽中穿飞出来。这只小动物的身体很有意思，当中的部分非常瘦小，但是后部却是非常肥大。多么奇妙的小东西啊！这个小东西就是舍腰蜂。

在初次相识之后，我对家里的这个小客人一直有非常浓厚的兴趣。于是，我便嘱咐我的家人，我不在家的时候，不要去主动打扰它们，破坏它们的正常生活。瞧，我多么注意保护这些“不速之客”呀！事情发展的良好态势已然胜过了我所希望的那样。我回到家里的时候，发现它们一点儿也没有受到什么打扰，而且一个个都安然无恙。它们仍然待在蒸汽的后面，努力地进行着自己的工作，为自己的家而辛苦。[3]由于我想要观察一下舍腰蜂的建筑以及它的建筑才能，还有它的食物的性质，以及幼小的舍腰蜂的进化及其生长过程等，因此，我把炉灶中的火焰给弄灭了。我这样做的目的主要是减少烟灰的量。将近两个小时，我非常仔细地注视着它。

通过细心观察，我发现，在这个小小的动物身上，有一种十分孤僻（gū pì，性情孤独怪异，难与常人相处）的流浪习性。这一点使得它和其他大多数黄蜂，以及蜜蜂是不

❶ 心理描写，表现了舍腰蜂建造房子时的快乐心情。

❷ 细节描写，说明了舍腰蜂的外形。

❸ 叙述，表现了“我”为了观察舍腰蜂的建筑与建筑才能等所做的努力。

尽相同的。[①]一般情况下，它总是选择好一个地点，自己筑起一个显得特别孤独的巢穴。同时，在舍腰蜂自己养活自己的地方，是很少能见到它自己家族的成员及亲属的。在距离我们城南不远的地方，经常可以看到这种小动物。但是，这个小东西宁愿挑选农民那充满烟灰的屋子里的炉灶来筑造自己的小家，也不喜欢那些城镇居民的雪白的别墅里的炉灶。我所到过的地方和所看到的舍腰蜂，都没有像我们村里的这么多。[②]与此同时，我们村里的屋子都很有特点，它们都有一定的倾斜性，而且茅屋都被日光晒成了黄色，这使得它们看上去都很有特色。

它之所以为自己选择这样一个地方，倒并不是意味着它贪图安逸与享乐。[③]它选择这样的地点来筑巢建穴，完全是为了它的整个家庭来考虑的，而并非出于私利。它不希望只是自己舒服就可以了，应该是大家共同享福，共同舒适，那才是它们真正要达到的目的。因而，舍腰蜂还是一种比较热爱家庭的动物，家庭责任感很强。当然了，舍腰蜂选择烟囱还有一个很重要的原因，那就是舍腰蜂及它的家庭成员对温度的要求比较高，这主要是由于本能的原因，它们的住所必须建在很温暖的地方，这一点和其他的黄蜂、蜜蜂是不同的。

我记得有一次去一家丝厂，在那里见到过一个舍腰蜂的巢。它把自己的巢建在机房里，并且为自己选择了刚好是在大锅炉上面的天花板上的一个地方。看来，它真是慧眼独具（huì yǎn dú jù，能看到别人看不到的东西。形容眼光敏锐，见解高超，能做出精准判断）啊！它为自己选择的这个地点，一整年，无论寒暑，也无论春夏秋冬的变迁，温度计所显示的温度，总是不变的120℃。显然，这个小小的动物对温度要求很高！

① 叙述，介绍了舍腰蜂巢穴的一些情况，表明了舍腰蜂喜欢独居的习性。

② 景物描写，通过描写茅屋的倾斜性、颜色等，来说明“我们”村茅屋的特点。

③ 叙述，通过选择地点的考虑，说明舍腰蜂是一种热爱家庭，责任感很强的动物。

在乡下那些蒸酒的屋子里，我也曾经不止一次地看到过许多舍腰蜂的巢穴。[①]蒸酒房里的温度，和刚才提到的丝厂里的温度相差得不多，大约有113℃。由此可知，舍腰蜂可以在那种使油棕树生长的热度下生存。

①叙述，通过描写蒸酒屋子的温度，说明了舍腰蜂是一种能在高温下生存的动物。

因此，锅、炉灶自然就成了舍腰蜂最理想的家和首选对象。但是，除了这些绝佳的地方以外，舍腰蜂也不厌弃一些其他可以选择的地点。[②]它非常希望居住在任何可以让它觉得舒适、安逸的角落里。比如，在养花房里，在厨房的天花板上，可关闭窗户的凹进去的地方，还有就是茅舍中卧室的墙上等。至于建造自己窠巢的地基这一点，它并不放在心上。因为在平常它的多孔的巢穴，一般都是建筑在石壁或者木头上的。这些地方相对而言还是比较坚实的。

②叙述，说明了舍腰蜂心仪的房子所处的环境。

记得有一次，我在接近学院的一个农夫的家里看到一个特别宽大的炉灶。在炉灶上的一排锅里，正煮着农工们要喝的汤。一会儿，工人们都从田地里收工回家了。回来后，他们便迫不及待地食用着他们的食品及汤。为了要享受这休工用饭的大约半小时的舒适，他们摘下了戴在头上的帽子，脱去了上衣，随手把它们挂在一个木钉上面。这吃饭的时间虽然是短暂的，但是对于舍腰蜂来说，去占据工人们刚刚脱下的衣物，却是绰绰有余（chuò chuò yǒu yú，绰绰：宽裕的样子。形容房屋或钱财、时间等非常宽裕，用不完）的了。在这些衣物中、草帽里，被它们视为最合适的地方，它们抢先去占领它们。那些上衣的褶缝，则被视为最佳的地点。与此同时，舍腰蜂的建筑工作也马上破土动工。[③]这时，一个工人已经吃完了他的饭，从饭桌旁边站了起来，抖了抖他自己的衣服。另外一个人也站起来，走了过来，摘下自己的草帽，也抖了一下。这样抖动几下，便去掉了舍腰蜂刚建造的初具规模的窠巢，就在这么短暂

③叙述，介绍了舍腰蜂建筑窠巢的速度之快。

阅读心得

的时间里，它的蜂巢居然已经有一个橡树果那样大了，真让人始料不及。它们可真是一种让人惊奇的小动物。

舍腰蜂的巢

[1]如果这个巢是建在不太稳固的东西上，比如，在衣服上，或是在窗幔上，那么它们该怎么办呢？

[2]舍腰蜂的窠巢是利用硬的灰泥制作而成的。一般它的巢都围绕在树枝的四周。由于是灰泥组成的，所以，它就能够非常坚固地附着在上面。但是舍腰蜂的窠巢，只是用泥土做成的，没有加水泥，或者其他什么能让它更加坚固的材料。那么，它怎么解决这些问题呢？

从建筑上的材料来说，并没有什么特殊的。只是潮湿的泥土，从那种湿地上取来的。因此，河边的黏土是最合适的选择。但是，在我们这样一个多沙石的村庄里面，河道非常少。然而，在我自己的小园子里，我在种植蔬菜的区域里，挖掘了一些小沟渠，以便更好地种植。在这里，便经常会有舍腰蜂的身影出没。在无事可做的时候，我就可以观察这些建筑家了。

临近沟渠的时候，它当然就会注意到了，因而，就匆匆忙忙地跑到水边掘取十分宝贵的泥土。它们不肯轻易放过这没有湿气的时节，极为珍惜这次发现。那么，它们是怎样掘取这里的泥土的呢？[3]它们用下颚刮取沟渠旁边那层表面光滑的泥，足直立起来，双翼还振动着，把它那黑色的身体抬举得相当高。

这样一群不停地搬取着泥土的舍腰蜂，原本应该是很脏的，事实上，它们的身上竟然连一点儿泥都没有。[4]之所

1 心理描写，表现了自己对舍腰蜂建筑窠巢选择地点的希望与担忧之情。

2 叙述，叙述了舍腰蜂窠巢建造所用的材料与所选的位置，说明了它能坚固地附着在树枝四周的原因以及一些小担心。

3 动作描写，通过对直立、振动等动作的描写，介绍了舍腰蜂掘土的过程。

4 动作描写，舍腰蜂工作时把身子提起来，不沾一点儿土，说明了它非常聪明。

以会这样，它们自然有聪明的办法。它们会把身子提起来，这样，就能使它们全身上下一点儿泥污也沾染不上。除去它们的足尖以及用于工作的下颚之外，其他地方都看不到污泥之类的脏东西。

这样，[①]用不了多长时间，一个泥球就制作成功了，差不多能有豌豆那么大。然后，舍腰蜂会用牙齿把它衔住，飞回去，在它自己的建筑物上再增加一层。这项工作完成以后，它歇也不歇一下，便继续投入新的工作之中。接着飞回来，再做第二个泥球。在一天中，天气最为炎热的时候，只要那片泥土仍然是潮湿的，那么，舍腰蜂的工作就会不停地坚持下去。

① 动作描写，通过舍腰蜂建家园时的一些动作描写，表现了它们工作时的辛劳。

[②]和舍腰蜂这位黏土建筑专家不一样，黄蜂并不把泥土先做成水泥，它就这样把现成的泥土拿走，直接应用于建筑。所以，黄蜂的巢建造得很不稳固，完全不能抵挡气候的千变万化。只要有一点儿水滴落上去，蜂巢就会变软。要是有一阵狂风大雨的话，它的巢穴就会被打成泥浆，自然巢穴也就不复存在了。

② 通过对比的手法，说明了舍腰蜂家园与黄蜂家园相比，舍腰蜂家园更结实，并介绍了原因。

即便是幼小的舍腰蜂不惧怕寒冷，不怕雨水把蜂巢打得粉碎，那蜂巢也必须建在避雨的地方。这就是这种小动物喜欢选择人类居住的屋子，特别是选择温暖的烟囱里面来建筑自己的住所的缘故。看来，安全是很重要的。

在最后一项装饰工作——那遮盖起它辛苦建造的建筑的各层——还没有完全成功之前，舍腰蜂的窠巢有一种非常自然的美感。[③]它有一些小巢穴，有的时候它们互相并列成一排，那种形状有一点儿像口琴。不过，那些小巢穴，还是以那种互相堆叠起来成层的居多。有的时候，数一下有十五个小巢穴；有的时候，有十个；有时又减少至三四个，甚至仅有一个。

③ 比喻的修辞手法，生动形象地说明了小巢穴的形状。

❶景物、细节描写，介绍了舍腰蜂巢穴口的大小、别致的表面，以及线状的凸起状等。

❷叙述，介绍了舍腰蜂巢穴的层数，以此来强调它建筑巢穴时的付出，表现它的勤劳。

❸叙述，介绍了舍腰蜂巢穴的形状以及其中塞满了的东西，说明了它坚固、具有保护性的特点。

①舍腰蜂巢穴的形状和一个圆筒差不多。它的口稍微有点儿大，底部又稍小一些，大的有一寸多长、半寸多宽。蜂巢有一个非常别致的表面，它是经过了非常仔细的粉饰而形成的。在这个表面上，有一列线状的凸起围绕在它的四周，就好像金线带子上的线一样。每一条线，就是建筑物上的一层。这些线的形状，是由于用泥土盖起每一层已经造好的巢穴而显露出来的。数一数它们，就可以知道，在舍腰蜂建筑它的时候，一共来回旅行了多少次。②它们通常是十五层到二十层之间。这位不辞辛劳的建筑师在建筑每一个巢穴时，大概需用二十次来回搬运材料。可见，它们有多么勤劳！

蜂巢的口当然是朝着上面的。如果一个罐子的口是朝下的，那么，它还能盛下什么东西呢？当然什么也盛不下了。道理也就在这里。

③舍腰蜂的巢穴，也就像一个罐子一样，其中预备存储的食物是一堆小蜘蛛。巢穴一一建造好了以后，舍腰蜂便往里面塞满了蜘蛛。等它们自己产下卵以后，便把它们全部封闭好。但是，它依然保存着美观的外表。这种外表一直要保持到舍腰蜂认为巢穴的数量已经足够多了时。于是，舍腰蜂会把整个巢穴的四周，再堆上一层泥土，使它更加坚固一些，从而可以起到保护的作用。

这一次舍腰蜂在工作时，也不进行什么周密（zhōu mì，细致周到的意思）的计算了。因此，它做得特别不精巧，更不像从前做巢那样，加以修饰之物。舍腰蜂能带回多少泥土，就往上面堆积多少泥土。只要能够堆积得上去就可以了，再没有更多的修补、装潢的动作了。一旦泥土取了回来，便堆放到原来的巢穴上去。然后，就那么漫不经心（màn bù jīng xīn，疏忽大意，一点儿也不放在心上）地轻轻敲几下，使这些泥土可以铺开。这一层包裹物质，一下子把建筑物的美观通通都掩盖住了。最后一道工序完成以后，蜂巢的最后形状就形成了。此时此刻的蜂巢就好像是一堆泥，人们抛掷到墙壁上的一堆泥。

阅读心得

舍腰蜂的食物

现在，我们都已经很清楚这个装食物的罐子是怎样形成的了。接下来，我们必须知道的是，在这个罐子里边，究竟都隐藏了一些什么东西。

①幼小的舍腰蜂，是以各种各样的蜘蛛作为食物的。甚至，在同一窠巢中，其食品的形状个个都不相同。因为，各种各样的蜘蛛都可以充当食物，只是个头不要过大。否则，就装不到罐子里去了。在幼蜂的各种食物中，那种后背上有三个交叉着的白点的十字蜘蛛，是最为常见的美味佳肴。因为舍腰蜂不会千里迢迢（qiān lǐ tiáo tiáo，形容路途非常遥远）地去捕猎食物。它只是在住所附近游猎而已。

❶ 叙述，介绍了小舍腰蜂喜欢的食物，从而说明了它的饮食特性。

对于幼蜂而言，那种生长着毒爪的蜘蛛，要算是最最危险的野味儿了。假使蜘蛛的身体特别大，就需要舍腰蜂拥有更大的勇气和更多的技术才能够征服它。所以，舍腰蜂只得放弃猎取大个头的蜘蛛！它得选择猎取那些较小一些的蜘蛛。

舍腰蜂专选那些个头小的蜘蛛，还有一个理由，那就是在它还没有把猎物装入巢穴里之前，它先得把那个蜘蛛杀死。②它所要采取的行动，有以下几步：先是突然一下子落到蜘蛛的身上，以快取胜，差不多连翅膀都还没来得及停下来，就要把这个小蜘蛛带走。

❷ 动作描写，通过落到、带走等动作，表现了舍腰蜂捕食动作的精准与快速。

我经常能够看到，③舍腰蜂的卵并不是放在蜂案的上面。而是在蜂案里面储藏着的第一个蜘蛛的身上，差不多

❸ 动作描写，通过舍腰蜂储藏食物时的动作，来说明它储藏食物时很聪明。

都是这样的。舍腰蜂总是把第一只被捉到的蜘蛛放在最下层，然后，把卵放到它的上面，再把别的蜘蛛放在顶上。这不失为一种很安全的办法。

舍腰蜂的卵总是放在蜘蛛身上的某一部分。蜂卵包含头的一端，放在靠近蜘蛛最肥的地方。一经孵化后，幼虫就可以直接吃到最柔软、最可口和最有营养的食物了。因此，这是一个很聪明的主意。应该说，大自然赋予（fù yǔ，交给的意思）了舍腰蜂一种相当巧妙的天性。

❶ 动作描写，描述了幼虫做茧的详细过程。

在一顿美餐之后，幼虫就开始做它的茧了。①那是一种纯洁的白丝袋，奇特而又精致。还有一些东西能够使这个幼虫的丝袋更加坚实，这些东西可以起到保护的作用。于是，幼虫就又从它身体里生出一种像漆一样的流质。这种流质慢慢地浸入丝的网眼里，然后，会渐渐地变硬，成为一种很光亮的保护漆。此时，幼虫又会在它正在做的茧下面增加一个硬的填充物，使得一切都十分妥当。

❷ 外貌描写，说明了茧的颜色、组织等。

②这一项工作完成以后，这个茧呈现出琥珀色，很容易让人联想到那种洋葱头的外皮。它和洋葱头有着同样细致的组织，同样的颜色，同样的透明感。如果用指头摸一摸，便会立即发出沙沙的响声，完整的昆虫就从这个茧里孵化出来。早一点儿或是迟一点儿，这要随气候的变化而变化，各有不同。

❸ 动作描写，介绍了蜂巢做好后，舍腰蜂收藏好捕捉的食物、产卵、捕猎的过程。

③在舍腰蜂辛辛苦苦地把巢穴做好以后，便带回了它的第一只蜘蛛。舍腰蜂会把它拖进巢里，收藏起来，立刻会在蜘蛛身体最肥大的部位产下一个卵。做好了这一切以后，它便又飞了出去，继续它的第二次野外旅行和捕猎。当它不在家里的时候，我从它的巢穴里，把那只死蜘蛛连同那个卵一起都取走了。

那么，当我们的这个小东西回来以后，发现巢穴里面是空的，它会怎么做呢？

这个小东西所做的事情，只不过是又带回了一只蜘蛛，非常坦然地再次把它放到那巢穴里。对于其他的事情一律不理睬，就好像什么都没有发生过一样。似乎它根本就没有看到自己的孩子已经丢失了。从这以后，它居然若无其事（ruò wú qí shì，像没有那回事一样，形容遇事沉着镇定或不把事情放在心上）的一只又一只的盲目地往巢里继续传带着蜘蛛。每当它把巢里的猎物和卵都安排妥当了以后，便又飞了出去，继续执着地奋斗着。[①]每次在它飞出去的时候，我都会把这些蜘蛛和蜂卵悄悄地拿出来。因此，它每一次游猎回来，储藏室里实际上总是空着的。就这样，它十分固执而徒劳地忙碌了整整两天时间。它一心打算要使劲努力，无论如何也要争取装满这个不知为什么永远也装不满的食物瓶子。我呢，也和它一样，不屈不挠（bù qū bù náo，比喻在压力、挫折面前不屈服，表现得十分顽强）地坚持了两天的工夫。一次又一次耐心地把巢穴里的蜘蛛和卵取出来。想要看看这个执着的小傻瓜究竟要等何时才能终结它这种看起来毫无意义的工作。[②]当这个傻乎乎的小动物完成了它的第二十次任务的时候，也就是到了第二十次的收获物送来的时候，这位辛苦的猎人大概以为这罐子已经装够了——或许也是因为这么多次的旅行疲倦了，于是，它便非常小心地把巢穴封锁了起来，然而，里面却完全是空的！什么东西都没有。它忙碌了这么久，事实上，它根本意识不到这一点，真是可怜啊！

在任何情况下，昆虫的智慧都是非常有限的。这一点是毫无疑问的，无论是哪一种的困难，昆虫这种动物都是无力加以很好而且迅速地解决的。同时，它也是一种不具有意识的动物。

① 动作描写，通过作者的一些动作，来说明舍腰蜂在捕捉食物时的固执精神与徒劳的行为。

② 叙述，介绍了舍腰蜂封穴时小心的动作，以及工作的盲目性，说明了它意识中笨拙的一面。

阅读心得

动物的本能是不能改变的，经验不能指导它们。正因为如此，昆虫需要具备一种特殊的能力，从而让它们自己能够清楚什么是应该接受的，什么是应该拒绝的。它需要某种指导。不过，智慧这个名词，似乎太精细了一点儿，在这里是不适用的。于是，我打算叫它为辨别力。

如果它的行动是由于它所拥有的本能而引起的，那么，它就不能知道自己的行动。如果它的行动是由于辨别力而产生的结果，那么，它就能意识到。

比如，舍腰蜂利用软土来建造巢穴，这一点就是它的本能。它常常是如此建造巢穴的，从一生下来就会。

①叙述，介绍了舍腰蜂选择泥巢地点时的辨别力。

[①]舍腰蜂的这个泥巢，一定要建在一个隐避之处，以便抵御自然风雨的侵袭。在最初的时候，大概那种石头下面可以隐匿的地方就能够被认为是相当合适了。但是，当它发现还有更好的其他的地方可以选择时，它便会立刻去占据下来，然后搬到人家的屋子里边去住。那么，这一种就属于辨别力了。

舍腰蜂利用蜘蛛作为它的子女的食物，这就是它本能的一种。因为没有其他的任何方法，能够让这只舍腰蜂明白，小蟋蟀也是一样的好，和蜘蛛一样可以当作食物。不过假设那种长有交叉白点的蜘蛛少了，那它也不会让它的宝宝挨饿的。它会选择其他类型的蜘蛛，将其捕捉回来，给它的子女吃。那么，这种就是辨别力。

阅读心得

在这种辨别力的性质之下，隐伏了昆虫将来进步的可能性。

阅读心得

默默无闻　慧眼独具　千里迢迢

不用敲开主人的大门，询问一下主人是否同意它们和大家同住在一个屋檐下，便自作主张，举家迁移进来，并且定居下来享受生活。

第六章　螳　螂

名师导读

螳螂不仅是一名出色的猎手，而且它那外表宽阔、轻纱般的薄翼，以及娴美而且优雅的身材，更是引人注目。它前足上的那对极具杀伤力，并且极富进攻性的锯齿状大刀，则让一些小昆虫望而却步。

打　猎

有一种昆虫，与蝉一样，很能引起人的兴趣，但没有蝉出名，因为它不能唱歌。如果它也有一种钹，它的声誉应比有名的音乐家要大得多，因为它在形状与习惯上都十分的不平常。[①]多年以前，在古希腊时期，有种昆虫叫作螳螂，或先知者。农夫们看见它半身直起，立在被太阳灼烧的青草上，态度很庄严，宽阔的、轻纱般的薄翼，如面膜似的拖曳着，前腿形状如臂，伸向半空，好像是在祈祷，在没有知识的农夫看来，它好像是一个女尼，所以后来就有人称呼它为祈祷的螳螂了。

这就大错特错了！它那种貌似真诚的态度是骗人的，高举着的似乎是在祈祷的手臂，其实是最可怕的利刃，无论什么东西从它的身边经过，它便立刻原形毕露（yuán xíng bì lù，本相完全暴露的意思），用它的凶器加以捕杀。

① 外貌描写，介绍了螳螂奇异的神态、前腿形状等，“前腿形状如臂，伸向半空，好像是在祈祷”，生动地描述了前腿的形状。

它是专食活的动物的。它凶猛如饿虎，残忍如妖魔，在它温柔的面纱下隐藏着十分吓人的杀气。

①如果单从外表上来看，它并不令人生畏，相反，看上去相当美丽，它有纤细而优雅的姿态，淡绿的体色，轻薄如纱的长翼。颈部是柔软的，头可以朝任何方向自由转动。只有这种昆虫能向各个方向凝视，真可谓是眼观六路。它甚至还有一副面孔。这一切都构成了它温柔的一面。

❶ 外貌描写，比较具体地介绍了螳螂的身姿、体色、长翼等，说明了它外形纤细优雅，以及具有眼观六路的奇异功能。

螳螂天生就有着一副娴美而且优雅的身材。不仅如此，它还拥有另外一种独特的东西，那便是生长在它前足上的那对极具杀伤力，并且极富进攻性的用来冲杀、防御的武器。而它的这种身材和它这对武器之间的差异，简直是太大了，太明显了，真让人难以相信，它是一种集温存与残忍于一身的小动物。

②见过螳螂的人，都会十分清楚地发现，它纤细的腰部非常长，还特别有力。与它的长腰相比，螳螂的大腿要更长一些，而且它的大腿上还长着两排十分锋利的像锯齿一样的东西。在这两排尖利的锯齿后面，还长着一些大齿，一共有三个。总之，螳螂的大腿简直就是两排刀口的锯齿。当螳螂想要把腿折叠起来的时候，它就可以把两条腿分别收放在这两排锯齿的中间，这样是很安全的，不至于伤到自己。

❷ 外貌描写、细节描写，介绍了螳螂纤细的长腰、大腿以及大腿下锯齿的数目，以及这些锯齿的作用。

③如果说螳螂的大腿是两排锯齿的话，那么，它的小腿可以说是两排刀口的锯子。长在小腿上的锯齿要比长在大腿上的多很多，而且小腿上的锯齿和大腿上的有一些不太相同的地方。小腿锯齿的末端还生长着尖锐的、很硬的钩子，这些小钩子就像金针一样。除此以外，锯齿上还长着一把有着双面刃的刀，就好像那种成弯曲状的修理各种花枝用的剪刀一样。

❸ 外貌描写、细节描写，介绍了螳螂的小腿以及小腿锯齿的末端小钩子的形状与作用。

对于这些小硬钩，我有着许多不堪回首的记忆。[1]每次我到野外去捕捉螳螂时，总是捉它不成，反过来倒中了这个小东西十分厉害的“暗器”，被它抓住了手，而且它总是抓得很牢，不轻易松开，让我自己无法从中解脱出来，只有想其他的方法，请求别人前来相助，帮我摆脱它的纠缠。所以，在我们这种地方，或许再也没有什么其他的昆虫比这小小的螳螂更难以对付，更难以捕捉的了。

[2]螳螂身上的武器、暗器很多，因此，它在遇到危险的时候，可以选择多种方法来自我保护。比如，它有如针的硬钩，可以用钩去钩你的手指；它长有锯齿般的尖刺，可以用它来扎、刺你的手；它还有一对锋利无比且十分健壮的大钳子。这对大钳子对你的手有相当的威胁，当它挟住你的手时，那滋味儿可不太好受！综上所述，这种种具有杀伤力的武器、暗器，让你很难对付它。要想活捉这个小动物，还真得动一番脑筋，费一番周折呢！否则，捉住它将是不可能的。这个小东西不知要比人类小多少倍，但却能威胁住人类。

[3]平时，在它休息、不活动的时候，这个异常勇猛地捕捉其他昆虫的机器，只是将身体蜷缩在胸口处，看上去似乎特别的平和，不至于有那么大的攻击性，甚至会让你觉得，这个小动物简直是一只热爱祈祷的、温和的小昆虫。但是，它可不总是这样的。只要是有其他的昆虫从它的身边经过，无论是什么样的昆虫，也无论它们是无意路过，还是有意的侵袭，螳螂的那副祈祷和平的相貌便会一下子烟消云散（yān xiāo yún sàn，像烟云消散一样）了。[4]这个刚才还是蜷缩着休息的小动物，便立刻伸展开它身体的三节，于是，那个可怜的路过者还没有完全反应过来，便糊里糊涂地成了螳螂利钩之下的俘虏了。它被重压在螳螂

1 动作描写，通过抓得很牢、不轻易松开等动作，说明了这个小东西的“暗器”十分厉害，表现了它有力的自我保护与还击能力。

2 叙述，介绍了螳螂身上多种可以保护与进攻的武器、暗器。

3 叙述，“这个小动物简直是一只热爱祈祷的、温和的小昆虫”等，表现了螳螂平和的一面。

4 动作描写，通过立刻伸展、重压等动作，表现了螳螂捕食时的勇猛与非凡的战斗力。

的两排锯齿之间，移动不得。然后，螳螂很有力地把钳子夹紧，一切战斗就都结束了。无论是蝗虫，还是蚱蜢，或者是其他更加强壮的昆虫，都无法逃脱螳螂锋利锯齿的宰割。一旦被它捉住，只好束手就擒（shù shǒu jiù qín，束手：自缚其手，比喻不想方设法；就：受；擒：活捉。捆起手来让人捉住）。它可真是个了不得的杀虫机器。

阅读心得

因为我想要做一些试验，测量一下螳螂的劲究竟有多大，所以，我不仅是提供一些活的蝗虫或者是活的蚱蜢给螳螂吃，同时，还供给它一些大个儿的蜘蛛，以使它的身体更加强壮。

有一只不知危险、无所畏惧（wú suǒ wèi jù，没有什么可害怕的。形容什么也不怕）的灰颜色的蝗虫，朝着那只螳螂迎面跳了过去。那只螳螂立刻变得异常愤怒，并十分迅速地做出了一种特别的姿势，让那只本来什么也不怕的小蝗虫充满了恐惧感。螳螂表现出来的这种奇怪的面相，我敢肯定，你从来也没有见到过。[1]螳螂把它的翅膀极度地张开，它的翅竖了起来，并且直立得就好像船帆一样。翅膀竖在它的后背上，螳螂将身体的上端弯曲起来，样子很像一根弯曲着手柄的拐杖，并且不时地上下起落着。不光是动作奇特，与此同时，它还会发出一种声音。那声音特别像毒蛇喷吐气息时发出的声响。螳螂把自己的整个身体全都放置在后足上。显然，它已经摆出了一副时刻迎接挑战的姿态。接着，螳螂把身体的前半部完全竖起来，那对随时准备东挡西杀的前臂也早已张开，露出了那种黑白相间的斑点。这样一种姿势，谁能说不是随时备战的姿势呢？

[2]螳螂在做出这种令谁都惊奇的姿势之后，一动不动，眼睛瞄准它的敌人，死死盯住它，准备随时上阵，迎接激烈的战斗。哪怕那只蝗虫只是轻轻地、稍微移动一点儿位

❶ 动作描写、细节描写，描写了螳螂遇到蝗虫后，其身体发生的一系列的变化以及发出的奇特的声音，表现了螳螂奇怪的面部表情。

❷ 细节描写、动作描写，主要描写了其头部与眼部的姿势与动作，非常生动地介绍了螳螂的心理战术——“盯人战术”的运用过程。

置，螳螂都会马上转动一下它的头，目光始终不离开蝗虫。螳螂这种战术，其目的是很明显的，主要就是利用对方的惧怕心理，再继续把更大的惊恐注入这个即将成为牺牲者的心灵深处，给对手施加更重的压力。螳螂希望在战斗未打响之前，就能让面前的敌人因恐惧心理而陷于不利地位，达到使其不战自败的目的。因此，螳螂需要虚张声势一番，假装成凶猛的怪物的架势，利用心理战术，和面前的敌人进行周旋。螳螂真是个心理专家啊！

看起来，螳螂这个精心安排的作战计划是完全成功的。①那个开始天不怕、地不怕的小蝗虫果然中了螳螂的妙计，真的是把它当成凶猛的怪物了。当蝗虫看到螳螂这副奇怪的样子时有些吓呆了，紧紧地看着这个怪里怪气的家伙，一动也不动。这样，②一向善于蹦来跳去的蝗虫，竟然一下子不知所措了。已经慌了神儿的蝗虫，完全把“三十六计，走为上策”这一招儿忘到脑后去了。可怜的小蝗虫害怕极了，怯生生地伏在原地，不敢发出半点儿声响。它甚至莫名其妙地向前移动，靠近了螳螂。它居然如此的恐慌，恐慌到自己要去送死的地步。看来螳螂的心理战术是完全成功了。

③当那个可怜的蝗虫移动到螳螂刚好可以碰到它的时候，螳螂便毫不客气，一点儿也不留情地立刻动用它的武器，用它那有力的“掌”重重地击打那个可怜虫，再用那两条锯子用力地把它压紧。于是，那个小俘虏无论怎样顽强抵抗，也无济于事了。接下来，这个残暴的魔鬼胜利者便开始咀嚼它的战利品了。

螳螂在攻击蝗虫的时候，是先重重地、不留情面地击打对方的颈部。这种办法既有效又非常的实用。螳螂就是利用这种办法，屡屡取得战斗的胜利。

① 神态描写、动作描写，通过蝗虫看到螳螂后不知所措的样子，表现了其心理战术——“盯人战术”所产生的良好结果。

② 神情描写、动作描写，描写了小蝗虫害怕时的模样，恐慌得不知所措的动作。

③ 动作描写，通过击打、压紧等动作，再现了螳螂捕捉小蝗虫的情景。

那些爱掘地的黄蜂们，算得上是螳螂的美餐之一了。螳螂经常出没于黄蜂的地穴附近，总是埋伏在蜂巢周围，等待时机。因为黄蜂自己身上常常也会携带一些属于它自己的俘虏。这样一来，对于螳螂而言，就是双份的猎物。不过，如果黄蜂已经有所疑虑，有所戒备了，螳螂会失望而归。但是，也有个别掉以轻心者虽已发觉但仍不当心的，被螳螂看准时机，一举将其抓获。这些命运悲惨的黄蜂为什么会遭到螳螂的毒手呢？因为有一些刚从外面回家的黄蜂，它们振翅飞来，有一些粗心大意（cū xīn dà yì，粗：粗疏。形容做事不细心，不谨慎，马马虎虎），对早已埋伏起来的敌人毫无戒备。当突然发觉大敌当前时，会被猛地吓一跳，心里会稍稍迟疑一下，飞行速度忽然减慢下来。但是就在这千钧一发的关键时刻，螳螂的行动简直是迅雷不及掩耳。于是，黄蜂一瞬间便坠入那两排锯齿的捕捉器中——即螳螂的前臂和上臂的锯齿之中了。

记得有一次，我曾看见过这样有趣的一幕。有一只黄蜂刚刚俘获了一只蜜蜂，并把它带回到自己的储藏室里，享用这只蜜蜂体内的蜜汁。不料，正在它吃得高兴的时候，遭到了一只凶悍的螳螂的突然袭击。它无力还击，便束手就擒了。

螳螂这样一种凶狠恶毒、有如魔鬼一般的小动物，它的食物的范围并不仅仅局限于其他种类的昆虫。[①]事实上，螳螂还是一种自食其同类的动物呢！也就是说，螳螂是会吃螳螂的，吃掉自己的兄弟姐妹，而且在它吃的时候，面不改色心不跳，十分泰然自若，那副样子，简直和它吃蝗虫、蚱蜢的时候一模一样，仿佛这是天经地义的事情。螳螂还会食用它的丈夫。这可真让人吃惊！在吃它丈夫的时候，雌性螳螂会咬住它丈夫的头颈，然后一口一口地吃下

阅读心得

①表情描写，通过螳螂在吃同类动物时，面不改色等的描写，表现了它那种凶狠恶毒的本性。

去。最后，剩下的只是它丈夫的两片薄薄的翅膀而已。这真让人难以置信。

螳螂真的是比狼还要狠毒十倍啊！听说，即便是狼，也不吃它们的同类。这么看来，螳螂真的是很可怕的动物了！

螳螂的巢

螳螂能够建造十分精美的巢穴，这是螳螂众多优点中很突出的一个。螳螂建造的窠巢，在有阳光照耀的地方随处都可以找得到。比如，石头堆里、木头块下、树枝上、枯草丛里，等等。只要那个东西上有凸凹不平的表面，都可以作为非常坚固的地基。螳螂就是利用这样的地基建巢的。

①细节描写，介绍了螳螂巢的颜色、材质、形状等。

①螳螂的巢，大小约有一两寸长，不足一寸宽。巢的颜色是金黄色的，样子很像一个麦穗。这种巢是由一种泡沫很多的物质做成的。但是，不久以后，这种泡沫的物质就逐渐变成固体了，而且慢慢地变硬了。如果燃烧一下这种物质，便会产生出一种像燃烧丝织品一样的气味儿。螳螂巢的形状各不相同。这主要是因为巢所附着的地点不同，因而巢随着地形的变化而变化，会有不同形状的巢存在。但是，不管巢的形状多么千变万化，它的表面总是凸起的，这一点是不变的。整个螳螂巢，大概可以分成三部分。其中的一部分是由一种小片做成的，并且排列成双行，前后相互覆盖着，就好像屋顶上的瓦片一样。这种小片的边缘，有两行缺口，是用来做门用的。在小螳螂孵化的时候，就是从这个地方跑出来的。至于其他部分的墙壁，全都是不能穿过的。

螳螂的卵在巢穴里面堆积成好几层。其中，每一层卵的头都是向着门口的。那道门有两行，分成左、右两边。

所以，在这些幼虫中，有一半是从左边的门出来的，其余的则从右边的门出来。

母螳螂在建造这个十分精致的巢穴时，也正是它产卵的时候。[1]在这个时候，从母螳螂的身体里，会排泄出一种非常具有黏性的物质。这种物质和毛毛虫排泄出来的丝液很相像。这种物质在排泄出来以后，将与空气混合在一起，很快就会变成泡沫。然后，母螳螂会用身体末端的小勺，把它打起泡沫来。这种动作，特别像我们用叉子搅打鸡蛋蛋白一样。打起来的泡沫是灰白色的，与肥皂沫十分相似。开始的时候，泡沫是有黏性的。但是过了几分钟后，黏性的泡沫就变成了固体。

母螳螂就是在这种泡沫的海洋中产卵、繁衍后代的，每当它产下一层卵以后，就会往卵上覆盖一层这样的泡沫。于是，很快地，这层泡沫就变成了固体。

在新建的巢穴的门外面，有一层材料把这个巢穴封了起来。看上去，这层材料和其他的材料并不一样——那是一层多孔、纯洁无光的粉白状的材料。这与螳螂巢内部其他部分的灰白颜色是完全不一样的。这雪白色的外壳是很容易破碎的，也很容易脱落下来。当这层外壳脱落下来的时候，螳螂巢的门就完全裸露在外，门的中间装着两行板片。不久以后，风吹雨打会把它侵蚀，将它剥成小片。于是，这些小片会逐渐地脱落下去。所以，在旧巢上，就看不见它的痕迹了。

至于这两种材料，虽然它们从外表上看来，一点儿也不一样，但是实际上，它们的质地是完全一样的。[2]它们只不过是同种物质的两种不同的表现形式罢了。螳螂用它身上的小勺打扫着泡沫的表面，然后，撇掉表面上的浮皮，使其形成一条带子，覆盖在巢穴的背面。这看起来，就像那种冰霜一样。因此，这种物质实际上仅仅是黏性物质最

❶ 叙述，介绍了母螳螂产卵的时候，身体里排泄出的黏性物质，以及将它处理的方式。

阅读心得

❷ 动作描写、细节描写，说明了螳螂巢穴背面那条带子形成的过程。

薄、最轻的那一部分。它看上去之所以会比较白一些，主要是因为它的泡沫比较细巧，反射光的能力比较强罢了。

这可真是一个非常奇异的操作方式。它有自己的一套方法，可以很迅速、很自然地做成一种类似于角质的物质。于是，螳螂的第一批卵就在这种物质上面生产了。

螳螂真是一种很能干的动物，也是一种很有建筑才能的动物。产卵时，它排泄出用于保护的泡沫，制造出柔软得像糖一样的包裹物，同时，它还能制作出一种遮盖用的薄片，以及通行用的小门。[1]而在进行这一切工作的时候，螳螂都只是在巢的根脚处站立着，一动也不动，用不着移动身体，就在它背后建筑起一座了不起的建筑物，而它自己对这个建筑物连看都不看一眼。这所有一切繁杂的工作，完全都是依靠这部小机器自己完成的。

[1] 动作描写，介绍了螳螂建筑房子时的姿势以及对所建的建筑物的态度，表现了它非凡的建筑才能。

母螳螂产卵的工作完成以后，就放开一切，跑走了。它真的是一去不回头了。所以，我认为：螳螂都是些没有心肝的东西，尽干一些残忍、恶毒达到极点的事情。它以自己的丈夫作为美餐，而且还会抛弃它自己的子女，弃家出走。

螳螂卵的孵化，通常都是在有太阳光的地方进行的，而且，大约是在六月中旬上午十点钟的时候。

在螳螂巢里，只有一小部分可以被螳螂幼虫当作出路。这一部分指的就是窠巢里面那些带鳞片的地方。[2]再仔细地观察一下，你就会发现在每一个鳞片的下面，都可以看见一个物体，而且稍微有一点儿透明的小块儿。在这个小块儿的后面，紧接着的就是两个大大的黑点。那不是别的东西，正是那个可爱的小动物的一对小眼睛了。幼小的螳螂幼虫，静静地伏卧在那个薄薄的片下面。如果仔细地看一下，就会发现它现在差不多已经有将近一半的身体解放了出来。下面，

[2] 外貌描写、细节描写，介绍了螳螂幼虫那对可爱的小眼睛。

再看看这个小东西的身体是什么样的吧！①它身体的颜色主要是黄色，又带有一些红的颜色。它长了一个十分肥胖而且很大的脑袋。从这个幼虫的外面的皮肤来看，能非常容易地分辨出它那对特别大的眼睛来。幼虫的小嘴是贴在它的胸部的，腿又是和它的腹部紧紧相贴的。这只小幼虫，从它的外形上看，除了它那些和腹部紧贴着的腿以外，其他部分都能够让人联想到另一种动物的状态，那就是刚刚才离开巢穴的蝉的最初期的状态。那种状态和此时的螳螂幼虫像极了。

①外貌描写、细节描写，描写了螳螂幼虫身体的颜色、肥胖而大大的头部等。

为了安全起见，幼小的螳螂刚一降临，它有穿上一层结实外套的必要。这个小动物，在它刚刚降临到这个世界上的时候，它是被团团包裹在一个襁褓（qiǎng bǎo，襁指婴儿的带子，褓指小儿的被子，通常指包裹婴儿的被子或毯子）之中的，那种形状就好像一只小船一般。在小幼虫刚刚降生时是在巢中的薄片下面，不久，它的头便逐渐地变大，一直膨胀到形状像一粒水泡一样为止。

阅读心得

这个有力气的小生命，在出生后不久，是靠自己的力量努力生存的。它一刻也不停地一推一缩地解放着自己的躯体。每做一次动作的时候，它的脑袋就要稍稍变大一些。最终的结果是，它胸部的外皮终于破裂了，于是，它便更加努力。②它摆动得更加剧烈了，也更加快了。它挣扎着，用尽浑身解数，不停歇地弯曲扭动着它那副小小的躯干。看来，它是下定决心要挣脱这一件外衣的束缚，想马上看到外面的大千世界究竟是个什么样子。渐渐地，首先得到解放的是它的腿和触须。然后，它继续不懈地努力。又进行了几次摆动与挣扎，终于，它的目的和企图完全实现了。

②动作描写，通过摆动、挣扎等动作描写，表现了幼小的螳螂为解放自己而做出的不懈努力。

有几百只小螳螂，它们同时团团地拥挤在不太宽敞的巢穴之中，这场景，倒真算得上是一种奇观！当巢中的螳螂幼虫还没有集体打破外衣，还没有集体冲出襁褓，变成螳螂的形态之前，首先暴露出它的那双小眼睛。我们很少会见到小动物独自行动。就好像它们在等待什么统一行动的信号一样，当这信号传达出来的时候，速度非常之快，几乎所有的卵差不多在同一时刻孵化出来，一起打破它们的外衣，从硬壳中抽出身体来。因此，也就是在一刹那，螳螂巢穴的中部顿时如同召开大会一样，无数个幼虫一下子集合起来，挤满了这个不太大的地方。[①]它们近乎狂热一般地爬动着，似乎很兴奋、很急切地要马上脱掉这件困扰它们生活的外衣。在这之后，它们或者是不小心跌落，或者是使劲地爬行到巢穴附近的其他枝叶上面。再过几天，就会在巢穴中又发现一群幼虫，它们同样要进行与前辈们相同的工作，直到它们全都孵化出来。于是，繁衍（fán yǎn，指逐渐增多或增广）就这样不停地继续下去。

① 动作描写，“它们近乎狂热一般地爬动着，似乎很兴奋”，通过爬动、兴奋等动作与神情描写，表现了幼小的螳螂在冲出襁褓时的情形。

然而，有一点非常不幸！这些可怜的小幼虫竟然孵化（fū huà，昆虫、鱼类、鸟类或爬行动物的卵在一定的温度和其他条件下变成幼虫或小动物）到了一个布满了危险与恐怖的世界上来。[②]我总有一个美好的愿望，希望能够尽自己微薄的力量，好好地保护这些可爱的小生命，让它们能够平平安安而且快快乐乐地生活在这个世界上。但是很不幸，这种愿望总是会成为泡影。已经至少有二十次了（实际上比这要多得多），我总是看到那种非常残暴的景象，总是目睹那令人恐惧的一幕。这些还不知道什么叫危险的小幼虫，在它们乳臭未干（rǔ xiù wèi gān，臭，气味。身上的奶腥气还没有退尽。指人社会经验、认知少，讥刺人幼稚无知，这里指螳螂幼虫十分幼小）的时候，便惨遭杀戮，还没来得及体验一下生活，体会一下生命的宝贵，就结束了年幼的生命，真是可怜啊！

② 心理描写，表现了作者内心对螳螂幼虫生活快乐的希望。

对螳螂幼虫而言，最具杀伤力的天敌要算是蚂蚁了。

几乎每一天，我都会有意无意地看到，一只只蚂蚁不厌其烦地光顾螳螂巢穴的旁边，非常耐心，而且信心十足地等待时机成熟，以便立即采取先下手为强的行动。我一看到它们，就千方百计（想尽各种办法的意思）地帮着螳螂驱赶它们。但我经常都驱逐不了它们，因为它们常常先人一步，率先占据有利的位置。①虽然它们早早就静候在大门之外，可它们却很难深入到巢穴的内部去。这主要是因为，螳螂巢穴的四周有一层硬硬的厚壁，这便形成了十分坚固的壁垒，因而，蚂蚁对此束手无策。

螳螂幼虫的处境实在是非常危险的。只要它一不小心跨出自家大门一步，那么，马上就会坠入深渊，葬送了自己的生命。②因为守候在巢边的蚂蚁是不会轻易放过任何一顿美餐的。一旦有猎物探出头来，便立刻将其擒住，然后再扯掉幼虫身上的外衣，毫不客气地将其切成碎片。残杀过后，剩余下来的，只不过是碰巧有幸能够逃脱敌人恶爪的少数几个而已。其他的小生命，都已经变成了蚂蚁口中之食了。

不过，遭到不测的是那些刚刚问世的幼虫。当这些幼虫开始和空气接触以后，用不了多长时间，便会马上变得非常强壮。这样一来，它自己就具备了能够自我保护的能力了，再也不是那些任人宰割的可怜虫了！

在它长大一些以后，情况就大不相同了。它从蚂蚁群里快速地走过去，它所经过的地方，原来任意行凶的敌人们都纷纷败下阵来，再也不敢去攻击和欺负这个已经长大了的“弱者”了。③螳螂在行进的时候，把它的前臂放置在胸前，做出一副自卫的警戒状态。它那种骄傲的态度和不可小视的神气，早已经把这群小小的蚂蚁吓倒了。它们再也不敢轻举妄动了，有些甚至已经望风而逃了。

但是，事实上，螳螂的敌人，不只是这些小个子的蚂

① 叙述，介绍了蚂蚁对螳螂巢穴束手无策的原因。

② 动作描写，描写了蚂蚁捕食螳螂幼虫时动作的稳、准、狠。

③ 动作、神情描写，通过对螳螂行进时动作与神情的描写，表现了螳螂长大后，不再惧怕蚂蚁的情景。

蚁，还有许多其他的敌人。比如，那种小型的、灰色的蜥蜴，就很难对付。小蜥蜴进攻螳螂的方法主要是用它的舌尖一个一个地舔起那些幸运地逃出蚂蚁虎口的小昆虫。虽然一个小螳螂还不能填满蜥蜴的嘴，但是从它的面部表情便可以很清楚地看出来，它相当满意。对于那些年轻的螳螂而言，它们真可谓“才出龙潭，又入虎穴”啊！

它们不仅仅是在孵化以后是如此的危险，甚至在卵还没有发育出来以前，它们就已经处于危险之中了。有这样一只小个儿的野蜂，它随身携带着一种刺针，其尖利的程度，足可以刺透螳螂由泡沫硬化以后而形成的巢穴，这样一来，螳螂的卵就如同蝉的子孙后代一样，遭受到相同的命运。这样一位外来的客人，并没有受到谁的邀请，就在螳螂的巢穴中擅自产下自己的卵。[1]它的卵的孵化也要比这巢穴的主人的卵提前一步。于是，螳螂的卵就会自然地受到侵略者的骚扰，被侵略者吞食掉。比如螳螂产下一千枚卵，那么，最后留下来，没有遭受厄运而被残酷地毁灭了的，大概也只有一对了。

①叙述，介绍了螳螂卵虽然数量多，却因为被侵略者食掉，而所剩无几的情况。

这样一来，便形成了下面这条生物链。螳螂以蝗虫为食，蚂蚁又会吃掉螳螂，而蚂蚁又是鸡的食物。但是，等到了秋天的时候，鸡长大了、长肥了，我又会把鸡做成佳肴吃掉，这可真有趣！

世界本来就是一个永无穷尽地循环着的圆环。各种物质完结以后，在此基础上，各种物质又重新开始一切；从某种意义上讲，各种物质的死，就是各种物质的生。这是一个十分深刻的哲学道理。

美词佳句

乳臭未干　千方百计

几乎每一天，我都会有意无意地看到，一只只蚂蚁不厌其烦地光顾螳螂巢穴的旁边，非常耐心，而且信心十足地等待时机成熟，以便立即采取先下手为强的行动。

第七章　蜜蜂、猫、红蚂蚁

名师导读

蜜蜂有很多故事，也有很强的能力，而它们辨认方向的能力是它们的一种本能。猫也和蜜蜂一样，能够认识自己的归途。红蚂蚁和蜜蜂是最相似的一对昆虫，但红蚂蚁却是凭着自己的记忆力，从远处顺着原路，准确无误地回到家。

蜜　蜂

阅读心得

我曾听人说起过蜜蜂有辨认方向的能力，无论它被抛弃到哪里，它总是可以自己回到原处。于是，我想亲自试一试。

有一天，我在屋檐下的蜂巢里捉了四十只蜜蜂，叫我的小女儿爱格兰等在屋檐下，然后我把蜜蜂放在纸袋里，带着它们走了二里半路，接着打开纸袋，把它们放出来，看有没有蜜蜂能飞回去。

为了区分飞到我家屋檐下的蜜蜂是否是被我扔到远处的那些，我在那群蜜蜂的背上做了白色的记号。[1]在这过程中，我的手不可避免地被白蜇了好几下，但我一直坚持着，有时候竟然忘记了痛，只是紧紧地按住那些蜜蜂，把工作做完，结果有二十多只损伤了。当我打开纸袋时，那些闷了好久的蜜蜂一拥而出向四面飞散，好像在区分该从哪个

[1] 动作描写，被刺了几下，还带伤工作，表现了作者工作认真负责的态度。

方向回家一样。

①放走蜜蜂的时候，空中吹起了微风。蜜蜂们飞得很低，几乎要触到地面，大概这样可以减少风的阻力，可是我想，它们飞得这样低，怎么能眺望到遥远的家园呢？

在回家的路上，我想到它们面临的恶劣环境，心里推测它们一定找不到回家的方向了。可是没等我跨进家门，爱格兰就冲过来，她的脸红红的，看上去很激动。她冲着我喊道：②“有两只蜜蜂回来了！在两点四十分的时候到达蜂巢，还带来了满身的花粉。”

我放蜜蜂的时间是两点整。也就是说，在三刻钟左右的时间里，那两只小蜜蜂飞了二里半路，这还不包括采花粉的时间。

天快黑的时候，我们还没见到其他蜜蜂回来。可是第二天当我检查蜂巢时，又看见了十五只背上有白色记号的蜜蜂回到蜂巢了。这样，二十只中有十七只蜜蜂没有迷失方向，它们准确无误地回到了家，尽管空中吹着风，尽管沿途有一些陌生的景物，但它们确确实实地回来了。也许是因为它们怀念着巢中的小宝贝和丰富的蜂蜜。凭借这种高超的本能，它们回来了。是的，这不是一种超常的记忆力，而是一种不可解释的本能，而这种本能正是我们人类所缺少的。

①心理、动作描写，通过“飞得很低”等动作描写，表现了蜜蜂们飞行时的状态，同时，也表达了作者对蜜蜂们的担心。

②语言描写，描述了两只蜜蜂回来的时间与状态。

猫

我一直不相信这样一种说法，即猫也和蜜蜂一样，能够认识自己的归途。直到有一天我家的猫的确这样做了，我才不得不相信这一说法。

③有一天，我在花园里看见一只并不漂亮的小猫，薄

③外貌描写，“一节一节的脊背”，描写流浪猫瘦弱的外表。

薄的毛皮下显露着一节一节的脊背，瘦骨嶙峋的。那时我的孩子们还都很小，他们很怜惜这只小猫，常塞给它一些面包，一片一片还都涂上了牛乳。小猫很高兴地吃了几片，然后就走了。尽管我们一直在它后面温和地叫着“咪咪，咪咪……”，它还是义无反顾地走了。可是隔了一会儿，小猫又饿了。它从墙头上爬下来，又美美地吃了几片。[1]孩子们怜惜地爱抚着它瘦弱的身躯，眼里充满了同情。

❶ 动作描写，表现了孩子们对小猫的怜爱与同情之心。

我和孩子们做了一次谈话，我们达成一致，决定驯养它。后来，果然不负众望（bù fù zhòng wàng，负：辜负；众：众人；望：期望。不辜负大家的期望），[2]它长成一只小小的“美洲虎”——红红的毛，黑色的斑纹，虎头虎脑的，还有锋利的爪子。它的小名叫作“阿虎”。后来阿虎有了伴侣，它也是从别处流浪来的。它们俩后来生了一大堆小阿虎。不管我家有什么变迁，我一直收养着它们，大约有二十年。

❷ 外貌描写，介绍了小猫的毛色、斑纹等，表现了它的可爱。

第一次搬家时，我们很为它们担忧，假如遗弃这些宠爱的猫，它们将再度遭受流浪的生活。可是如果把它们带上的话，雌猫和小猫们还能沉住气，保持安静，可两只大雄猫—— 一只老阿虎、一只小阿虎在旅途上是一定不会安静的。最后，我们决定这样：把老阿虎带走，把小阿虎留在此地，替它另外找一个家。

我的朋友劳乐博士愿意收留小阿虎。于是，某天晚上，我们把这只猫装在篮子里，送到他家去。我们回来后在晚餐席上谈论起这只猫，说它运气真不坏，找到了一户人家。正说着，突然一个东西从窗口跳进来。我们都吓了一跳，仔细一看，这个狼狈不堪（láng bèi bù kān，形容非常窘迫的样子）的东西快活而亲切地用身体在我们的腿上蹭着，正是那只被送掉的小阿虎。

第二天，我们听到了关于它的故事：[3]它刚到劳乐博士

❸ 动作描写，描写了小阿虎被送到陌生环境后的反抗动作，表现了它对于新家的不认可。

家里，就被锁在一间卧室里。当它发现自己已在一个陌生的地方做了“囚犯”时，它就发狂一般地乱跳。一会儿跳到家具上，一会儿跳到壁炉架上，撞着玻璃窗，似乎要把每一样东西都撞坏。劳乐夫人被这个小疯子吓坏了，赶紧打开窗子，于是，它就从窗口跳了出来。

它对它的家是如此的忠心。我们都同意带它一起走。但几天之后，我们发现它已经僵硬地躺在花园里的矮树下。有人把它毒死了。

还有那只老阿虎。当我们离开老屋的时候，却怎么也找不到它了。于是，我们另外给车夫两块钱，请他负责找那老阿虎。当车夫带着最后一车家具来的时候，他把老阿虎带来了。

①它跑出来的时候，活像一只可怕的野兽，不停在舞动着爪子，嘴角挂着口水，嘴唇上沾满了白沫，眼睛充满了血，毛已经倒竖起来，完全没有了原来的神态和风采。难道它发疯了吗？我仔细把它查看了一番，终于明白了，它没有疯，只是被吓着了。可能是车夫捉他的时候把它吓坏了，也可能是长途的旅行把它折磨得筋疲力尽。②我不能确定到底是什么原因，但显而易见，它的性格变了，它不再“念念有词”，不再用身体蹭我们的腿了，只有一副粗暴的表情和深沉的忧郁。慈爱地抚慰也不能消除它的苦痛了。终于有一天，我们发现它死了，躺在火炉前的一堆灰上，忧郁和衰老结束了它的生命。

当我们第二次搬家的时候，阿虎的家族已完全换了一批了：老的死了，新的生出来了。其中有一只成年的小阿虎，长得酷似它的先辈，也只有它会在搬家的时候增加我们的麻烦。至于那些小猫咪和母亲，是很容易制服的，只要把它们放在一只篮子里就行了。小阿虎却要单独放在另一只篮子里，以免它把大家都闹得不太平。这样一路上总

❶ 动作与神态描写，说明了老阿虎对于自己被囚禁的不满与生气，表现了它被囚禁后的情绪与神情变化。

❷ 动作与表情描写，阿虎与主人相处时的陌生感，说明了阿虎对于自己被囚禁这件事非常伤心，所受的打击非常大。

① 动作、表情描写，既表现了猫咪们对新环境的好奇与怀疑，也表现了作者对它们的疼爱。

② 叙述，描写出在阁楼上作者一家人轮流陪伴小阿虎的情景以及它的反应，表现了小阿虎温驯的一面。

算相安无事。到了新居后，我们先把母猫们抱出篮子。①它们一出篮子，就开始审视和检阅新屋，一间一间地看过去，靠着它们粉红色的鼻子，它们嗅出了那些熟悉的家具的气味。它们找到了自己的桌子、椅子和铺位，可是周围的环境确实变了。它们惊奇地发出“喵喵”声，眼睛里不时地闪着怀疑的目光。我们疼爱地抚摩着它们，给它们一盆盆牛奶，让它们尽情享用。第二天它们就像在自己家里一样习惯了。

可是我们的小阿虎，情形却完全不同了。②我们把它放到阁楼上，让它渐渐习惯新环境，那儿有好多空屋可以让它自由地游玩。我们轮流陪着它，给它加倍的食物，并时时刻刻把其余的猫也捉上去和它做伴。我们想让它知道，它并不是独自一个在这新屋里。我们想尽了一切办法，让它忘掉原来的家。果然，它似乎真的忘记了。每当我们抚摩它的时候，它显得非常温驯，一唤它，它就会“喵喵”地过来，还把背弓起来。这样关了一个星期，我们觉得应该恢复它的自由了，于是把它从阁楼上放了出来。

第二天，当我们唤它的时候，任凭我们叫了多少声“咪咪，咪咪”，就是没有它的影子！我们到处找，呼唤它，丝毫没有结果。骗子！骗子！我们上了它的当！它还是走了，我说它是回到老家去了。可是家里其他人都不相信。

我的两个女儿为此特意回了一次老家。正如我说的那样，她们在那里找到了小阿虎。她们把它装在篮子里又带了回来，虽然天气很干燥，也没有泥浆，可它的爪子上和腹部都沾满了泥，无疑它一定是渡过河回老家去的。当它穿过田野的时候，泥土就粘在了它湿漉漉（shī lù lù，潮湿的样子）的毛上，而我们的新屋，距离原来的老家，足足有四里半呢！

这些真实的故事证明了猫和蜜蜂一样，有着辨别方向的本领。鸽子也是这样，当它们被送到几百里以外的时候，

它们还能回来找到自己的老巢。还有燕子，还有许多别的鸟也是这样。让我们再回到昆虫的问题上吧。蚂蚁和蜜蜂是最相似的一对昆虫，我很想知道它们是不是像蜜蜂一样有着辨别方向的本领。

阅读心得

红蚂蚁

在一片废墟（fèi xū，指有人住过而现已荒废，不再使用或不再居住的地方或城市）上，有一处地方是红蚂蚁的山寨。红蚂蚁是一种既不会抚育儿女也不会出去寻找食物的蚂蚁，它们为了生存，只好用不道德的办法去掠夺黑蚂蚁的儿女，把它们养在自己家里，将来这些被它们占为己有的黑蚂蚁就永远沦为了奴隶。

①夏天的下午，我时常看见红蚂蚁出征的队伍，这队伍有五六码长。当它们看见有黑蚂蚁的巢穴时，几只间谍似的红蚂蚁先离开队伍往前走，其余的蚂蚁仍旧列着队伍蜿蜒不停地前进，有时候有条不紊地穿过小径，有时在荒草的枯叶中若隐若现。

① 细节、动作描写，生动地表现了红蚂蚁们出征时的情景。

最后，它们终于找到了黑蚂蚁的巢穴，就长驱直入（cháng qū zhí rù，驱：快跑；长驱：策马快跑；直入：径直进入。迅速向很远的目的地前进。这里形容红蚂蚁在进军黑蚂蚁的巢穴时非常迅猛顺利）地进入黑蚂蚁的卧室里，把小蚂蚁抱出巢。在巢内，红蚂蚁和黑蚂蚁有过一番激烈的厮杀，最终黑蚂蚁败下阵来，无可奈何（指感到没有办法，只有这样了）地让强盗们把自己的孩子抢走。

我再讲一下它们一路上怎样回去的情形吧。

我看见一队出征的红蚂蚁沿着池边前进，那时，天刮着大风，许多蚂蚁被吹落了，做了鱼的美餐。这一次鱼又多吃了一批意外的食物——黑蚂蚁的孩子。显然，红蚂蚁不会像蜜蜂那样，选择另一条路回家，它们只会沿着原路回家。

我不能把整个下午都消耗在蚂蚁身上，所以我叫小孙女拉茜帮我监视它们。①她喜欢听蚂蚁的故事，也曾亲眼看到过红蚂蚁的战争，她很高兴接受我的嘱托。凡是天气不错的日子里，小拉茜总是蹲在园子里，瞪着小眼睛往地上张望。

① 动作、表情描写，写出了小拉茜监视蚂蚁时的动作与表情，表现了小拉茜对于工作的认真与专注。

有一天，我在书房里听到拉茜的声音："快来快来！红蚂蚁已经走到黑蚂蚁的家里去了！""你知道它们走的是哪条路吗？"

"知道，我已经做了记号。"

"什么记号？你怎么做的？"

"我沿路撒了小石子。"

②我急忙跑到园子里。拉茜说得没错，红蚂蚁们正沿着那条白色的石子路凯旋呢！我取了一片叶子，截走了几只红蚂蚁，放到别处。这几只就这样迷了路，其他的，凭着它们的记忆力顺着原路回去了。这证明它们并不是像蜜蜂那样，直接辨认回家的方向，而是凭着对沿途景物的记忆找到回家的路。所以即使它们出征的路程很长，需要几天几夜，但只要沿途不发生变化，它们也依旧回得来。

② 动作描写，用事实说明了红蚂蚁是凭着对沿途景物的记忆找到回家的路的。

美词佳句

无怨无悔　不负众望　狼狈不堪　若隐若现　长驱直入　无可奈何

最后，它们终于找到了黑蚂蚁的巢穴，就长驱直入地进入黑蚂蚁的卧室里，把小蚂蚁抱出巢。

第八章　开隧道的矿蜂

名师导读

矿蜂有着细长的身材，它不仅美丽夺目，而且非常勤劳。它美丽的倩影经常出没于蒲公英、野蔷薇、雏菊等花丛里，一副忙忙碌碌的样子。但它们半天的辛勤劳动，大多是白费的，因为它们的劳动成果通常被入侵的天敌所霸占。

勤劳的矿蜂

矿蜂的身材是细长形的，它们的身材大小不同，大的比黄蜂还大，小的比苍蝇还小。但是它们有一个共同的特征，那就是它们的腹部底端有一条明显的沟，沟里藏着一根刺，遇到敌人来侵犯时，这根刺可以沿着沟来回移动，以保护自己。[1]我这里要讲的是关于矿蜂中的一种有红色斑纹的蜂。雌蜂的斑纹是很美丽夺目的，细长的腹部被黑色和褐色的条纹环绕着。至于它的身材，和黄蜂差不多。

①外貌、细节描写，介绍了红色斑纹的雌矿蜂的外形。

它的巢往往建在结实的泥土里面，因为那里没有崩塌的危险。比如，我们家院子里那条平坦的小道就是它们最理想的屋基。每到春天，它们就成群结队地来到这个地方安营扎寨（ān yíng zhā zhài，指部队驻扎下来。也比喻建立临时的劳动或工作基地，这里指矿蜂选择一个地方建巢）。每群数量不一，最大的有上百只。这地方简直成了它们的大本营。

一到四月，它们的工作就不知不觉地开始了。唯一可以证明它们在工作的，是那一堆堆新鲜的小土堆。至于那些劳动者，我们外人是很少有机会看到的。它们通常是在坑的底下忙碌着，有时在这边，有时在那边。我们在外面可以看到，那小土堆渐渐地有了动静，先是顶部开始动，接着有东西从顶上沿着斜坡滚下来，一个劳动者捧着满怀的废物，把它们从土堆顶端的开口处抛到外面来，而它们自己却不出来。

五月到了，太阳和鲜花带来了欢乐。①四月的矿工们，这时已经演变成勤劳的采蜜者了。我们常常看到它们满身披着黄色的尘土停在土堆上，而那些土堆现在已变得像一只倒扣着的碗了，那碗底上的洞就是它们的入口。

①外貌、细节描写，通过土堆的变化来表现矿蜂的勤劳以及它们的劳动成果。

它们的地下建筑离地面最近的部分是垂直的，大约有一支铅笔那么粗，在地面下有6~12寸深，这个部分就算是走廊了。

②在走廊的下面，就是一个个的小巢。每个小巢大概有3/4寸长，呈椭圆形。那些小巢有一个公共的走廊通到地面。

②细节描写，介绍了小巢的外形、大小等。

我曾经试图往巢里面灌水，看看会有什么后果，可是水一点儿也流不到巢里去。这是因为矿蜂在巢上涂了一层唾液，这层唾液像油纸一样包住了巢，在下雨的日子里，巢里的小矿蜂就再也不会被弄湿了。

矿蜂一般在三四月份筑巢。那时候天气不大好，地面上也缺少花草。它们在地下工作，用它的嘴和四肢代替铁锹和耙子。③当它们把一堆堆的泥粒带到地面上后，巢就渐渐地做成了。最后用它的铲子——舌头，涂上一层唾液。当快乐的五月到来时，地下的工作已经完毕，那和煦的阳光和灿烂的鲜花也已经开始向它们招手了。

③动作描写，写出了五月左右，矿蜂筑巢接近尾声时的场景。

田野里到处可以看到蒲公英、野蔷薇、雏菊等，花丛里尽是些忙忙碌碌的蜜蜂。它们带上花蜜和花粉后，就兴高采烈地回去了。它们一回到自己的大本营，就会立即改变飞行方式。它们盘旋着，好像对这么多外观酷似的地穴产生了迟疑，不知道哪个才是自己的家。但是没过一会儿，它们就各自认清了自己的记号，很快就准确无误地钻了进去。

[①]矿蜂也像其他蜜蜂一样，每次采蜜回来，先把尾部塞入小巢，刷下花粉，然后一转身，再把头部钻入小巢，把花蜜洒在花粉上，这样，就把劳动成果储藏起来了。虽然每一次采的花蜜和花粉都微乎其微，但经过多次的采集，积少成多，小巢内已经变得很满了。接着，矿蜂就开始动手制造一个个“小面包”，“小面包”是我给那些精巧的食物起的名字。

矿蜂，开始为它未来的子女们预备食物了。[②]它把花粉和花蜜搓成一粒粒豌豆大小的“小面包”。这种“小面包”和我们吃的小面包大不一样：它的外面是甜甜的蜜，里面充满了干的花粉，这些花粉不甜，没有味道。外面的花蜜是小矿蜂早期的食物，里面的花粉则是小矿蜂后期的食物。

矿蜂做完了食物，就开始产卵。它不像别的蜜蜂产了卵后就把小巢封起来，它还要继续去采蜜，并且看护它的小宝宝。

小矿蜂在母亲的精心养护和照看之下渐渐长大了。当它们作茧化蛹的时候，矿蜂就用泥把所有的小巢都封好。在它完成这项工作以后，也到了该休息的时候了。

如果没有什么意外发生的话，在短短的两个月之后，小矿蜂就能像它们的妈妈一样去花丛中玩耍了。

❶ 动作描写，介绍了矿蜂采蜜回来，储藏、制作食物的过程。

❷ 动作、细节描写，介绍了“小面包”的材质、大小，以及里外的区别等。

阅读心得

温厚长者和小强盗

可是矿蜂的家并不像想象中那样安逸，在它们周围埋伏着许多凶恶的强盗。其中有一种蚊子，虽然小得微不足道（wēi bù zú dào，微：细，小；足：值得；道：谈起。微小得很，不值得一提），却是矿蜂的劲敌。

① 外貌、细节描写，详细地介绍了矿蜂的劲敌——蚊子的身体长度、眼睛、脸色等，表现了它个性凶恶奸诈的一面。

这种蚊子是什么样的呢？[①]它的身体不到1/5寸长，眼睛是红黑色的；脸是白色的；胸甲是黑银灰色的，上面有五排微小的黑点儿；腹部是灰色的；腿是黑色的，像一个既凶恶又奸诈的杀手。

② 动作描写，描写了蚊子潜伏、跟踪矿蜂时的一些动作，说明了蚊子的狡猾与机敏。

在我所观察到的这一群矿蜂的活动范围内，就有许多这样的蚊子。[②]这些蚊子在太阳底下时能找到一个隐蔽的地方潜伏起来，等到矿蜂携带着许多花粉过来时，蚊子就紧紧地跟在它后面，跟着打转、飞舞。忽然，矿蜂俯身一冲，冲进自己的屋子。立刻，蚊子也跟着在洞口停下，头向着洞口，就这样等了几秒钟，蚊子纹丝不动。

矿蜂这温厚的长者，只要它愿意，它完全有能力把门口那个破坏它家庭的小强盗打倒，它可以用嘴把它咬碎，可以用刺把它刺得遍体鳞伤，可它并没有这么做。它任凭那小强盗安然地埋伏在那里。至于那小强盗呢？虽然有强大的对手在它眼前虎视眈眈（hǔ shì dān dān，像老虎那样凶狠地盯着），尽管那可恶的小蚊子知道矿蜂只要举手之劳就可以把它撕碎，可它丝毫没有恐惧的样子。

③ 动作描写，介绍了蚊子在矿蜂巢中公然产卵的经过，表现了它强盗的行为与品性。

不久，矿蜂飞走了，蚊子便开始行动了。[③]它飞快地进入巢中，像回到自己的家里那样毫不客气。因为这些巢都还没有封好。它从容地选好一个巢，把自己的卵产在那个巢里。在主人回来之前，它是安全的，而在主人回来之时，它早已完成任务，拍拍屁股逃之夭夭了。

几个星期后，在藏着花粉的小巢里，我们会看到几条尖嘴的小虫在蠕动着——它们就是蚊子的小宝宝，在它们中间，我们有时候也会发现几条矿蜂的幼虫——它们本该

是这房子真正的主人，却已经饿得很瘦很瘦了。

小矿蜂的母亲虽然常常来探望自己的孩子，可是它似乎并没有意识到巢里已经发生了天翻地覆（tiān fān dì fù，覆：翻过来。形容变化巨大）的变化。它从不会把这陌生的幼虫杀掉，也不会把它们抛出门外，它只知道巢里躺着它亲爱的小宝贝。它认真小心地把巢封好，好像自己的孩子正在里面睡觉一样。其实，那时巢里已经什么都没有了，连那蚊子的宝宝也早已趁机飞走了。

多么可怜的母亲啊！

阅读心得

老门警

矿蜂的家里如果没有发生意外，也就是说如果没有被蚊子所偷袭，那么它们大约有十个姐妹。为了节约时间和劳动力，它们不再另外挖隧道，只要把它们母亲遗留下来的老屋拿过来继续用就行了。大家都客客气气地从同一个门口进出，各自做着自己的工作，互不打扰。不过在走廊的尽头，它们有各自的家，每一个家包括很多小屋，那是它们自己挖的，不过走廊是公用的。

让我们来看看它们是怎样来来去去地忙碌的吧。当一只采完花蜜的矿蜂从田里回来的时候，它的腿上都沾满了花粉。[①]如果那时门正好开着，它就会立刻一头钻进去。因为它忙得很，根本没有空闲时间在门口徘徊。有时候，会有几只矿蜂同时到达门口，可那隧道的宽度又不允许两只蜂并肩而行，尤其是在大家都满载花粉的时候，只要轻轻一碰就会让花粉掉到地上，半天的辛勤劳动就白费了。于是，它们定了一个规矩：靠近洞口的一个赶紧先进去，其

① 动作描写，“一头钻进去”，表现了矿蜂进门时的迅速，并交代了这样做的原因。

余的依次在旁边排队等候。第一个进去后，第二个很快地跟上，接着是第三个，第四个，第五个……大家都排着队很有秩序地进去。

有时候，也会碰到这样的情况：一只蜂刚要出来，而另一只正要进去。[①]在这种情况下，那只要进去的蜂会很客气地让到一边，让里面的那只蜂先出来。有一次我看到一只蜂已经从走廊到达洞口，马上要出来了，忽然，它又退了回去，把走廊让给刚从外面回来的蜂。多有趣啊！

① 动作描写，介绍了矿蜂进洞时的礼让，体现了矿蜂谦让的品性以及所具有的互助精神。

当然，还有比这更有趣的呢！当一只矿蜂从花田里采了花粉回到洞口的时候，我们可以看到一块堵住洞口的活门忽然落下，开出一条通道来。当外来的蜂进去以后，这活门又升上来把洞口堵住。同样，当里面的矿蜂要出来的时候，这活门也是先降下，等里面的矿蜂飞出去后，又升上来关好。

这个像针筒的活塞一般忽上忽下的东西究竟是什么呢？[②]这是一只蜂，是这所房子的门卫。它用它的大头顶住了洞口。当这所房子的居民要进进出出的时候，它立刻退到一边，那儿的隧道特别宽大，可以容得下两只蜂。当别的蜂都通过了，这"门警"又上来用头顶住洞口。它一动不动地守着门，那样的尽心尽责，除非它不得不去驱除一些不知好歹的不速之客，否则，它是不会擅自离开岗位的。

② 环境、动作描写，通过对大头矿蜂在其他居民进出时一些动作描写，体现了它尽职尽责的精神。

当这位门警偶尔走出洞口的时候，让我们趁机仔细地看看它吧。[③]我们发现它和其他蜂一样，不过它的头长得很扁，它的衣服是深黑色的，并且有着一条条的纹路。身上的绒毛已经看不出来了，它本该有的那种美丽的红棕色的花纹也没有了。这一套破碎的衣服似乎告诉了我们一切。

③ 外貌、细节描写，通过描写门警矿蜂的衣服、纹路、绒毛，表明了门警不再年轻这一事实。

这只用自己的身躯顶住门口充当老门警的矿蜂看起来比谁都显得沧桑和年老。事实上它正是这所屋子的建造者，现在的矿蜂的母亲！

有一种不擅长挖隧道的蜂，就是樵叶蜂，它要寻找人家从前挖掘好的隧道。矿蜂的隧道对它来说再适合不过了。为了找到这样的空巢，樵叶蜂常到我所关注的这种矿蜂的领地里来巡视。

①有时候没等门警出来，樵叶蜂已经迫不及待地把头伸了进去。于是，做门警的老祖母立刻把头顶上来塞住通路，并且发出一个并不十分严厉的信号，以示警告。樵叶蜂立即明白了这屋子的所有权，很快就离开了。

① 动作描写，通过对门警矿蜂的动作描写，再次说明了门警矿蜂对工作的负责。

有一种“小贼”，它是樵叶蜂的寄生虫，有时候会受到矿蜂的教训。有一次，我亲眼看到它受了一顿重罚。这鲁莽的东西一进隧道便为非作歹（wéi fēi zuò dǎi，为：做；非、歹：坏事。做种种坏事），以为自己进了樵叶蜂的家了。可是不一会儿，它立刻发现自己犯了一个大错误，它闯进的是矿蜂的家。它受到了守门老祖母一顿严厉的惩罚。于是它急急忙忙地往外逃。同样，其他野心勃勃又没有头脑的傻瓜，如果想闯进矿蜂的家，毫无疑问它将受到同样的待遇。

有时候守门的蜂也会和另外一位老祖母发生争执。七月中旬，是矿蜂们最忙的一段时间。这时候我们会看到两种迥然不同的蜂群：那就是老矿蜂和年轻的母蜂。②年轻的母蜂又漂亮又灵敏，忙忙碌碌地从花间飞到巢里，又从巢里飞向花间。而那些老蜂，失去了青春，失去了活力，只是从一个洞口踱到另一个洞口，看上去就像迷失了方向找不到自己的家。这些流浪者究竟是谁呢？它们就是那些受了可恶的小强盗蒙骗而失去家庭的老矿蜂。

② 动作描写，通过年轻的蜂与老蜂动作与行为的对比，表现了老矿蜂的失意与年轻母蜂的得意。

当初夏来临的时候，老矿蜂终于发现从自己的巢里钻出来的是可恶的蚊子，这才恍然大悟、痛心疾首（tòng xīn jí shǒu，形容伤心痛恨到了极点或狠下决心）。可是已经太晚了，它已经变成了无家可归的孤老。它只好委屈地离开自己的家，到别处去另谋生路了。看看哪一家需要一个管家或门警。可是那些幸福的家庭早已有了自己的老祖母来打点一切了。

①有些时候，两个老祖母之间真的会发生一场恶斗。当流浪的老矿蜂停在别家门口的时候，这家的看门老祖母一方面紧紧守着门，另一方面张牙舞爪地向外来的老蜂挑战，而败的那一方，往往是那身心疲惫的老孤蜂。

① 动作描写，通过描写两个老矿蜂之间的战争，来体现作者对失败者老孤蜂处境的同情之心。

这些无家可归的老蜂后来怎样了呢？它们一天一天地衰老下去，渐渐数目也少了起来，最后全部绝迹了。它们有的是被那些灰色的小蜥蜴吃掉了，有的是饿死了，有的是老死了，还有的是万念俱灰（wàn niàn jù huī，形容失意或受到沉重打击后极端灰心失望或失落的心情），心力衰竭而死。

②至于那守门的老祖母，它似乎从来不休息，在清晨天气还很凉快的时候，它已经到达它的岗位；到了中午，正是矿蜂们采蜜工作最忙的时候，许许多多的蜂从洞口飞进飞出，它仍旧守护在那里；到了下午，外面很热，蜂都不去采蜜，留在家里建造新的巢，这时候，老祖母仍旧在上面守着门。在这种闷热的时候，它连瞌睡都不打一下，因为它不能打瞌睡，这个家的安全都靠它了。

② 动作描写，通过一天的不同时刻老矿蜂在门前坚守的动作，体现了它的敬业精神。

顺理成章　痛心疾首　万念俱灰

田野里到处可以看到蒲公英、野蔷薇、雏菊等，花丛里尽是些忙忙碌碌的蜜蜂。它们带上花蜜和花粉后，就兴高采烈地回去了。

第九章　萤火虫

名师导读

众所周知，萤火虫是一种可以发光的虫子，它的尾巴上有灯，在黑夜中可以照旁自己行进的路。雄性萤火虫到了发育完全的时候，会生长出翅盖，像真的甲虫一样。鲜为人知的是，萤火虫有外皮来保护自己；最有趣的是，它的捕食方法很是与众不同。

萤火虫的外科器具

在昆虫的各种类型中，很少有能够发光的。但其中有一种是以发光而出名的。[1]这个稀奇的小动物的尾巴上像挂了一盏灯似的，用来表达它对快乐生活的美好祝愿。即便是我们不曾与它相识，不曾见过它在黑夜中的草丛上飞过，不曾见过它从圆月上落下来，就像一点点火星儿一样。那么，至少从它的名字上，我们多少对它有一些了解。古代的时候，希腊人曾经把它叫作亮尾巴，是很形象的一个名字。现代，科学家们则给它起了一个新的名字，叫作萤火虫。

①外貌、动作描写，通过对萤火虫发光时尾巴形状的描写、名字的介绍，让读者对萤火虫有了初步的印象。

事实上，萤火虫无论如何也不是蠕虫，即便是从它的外表上来看，它也不能算作是蠕虫。它生长着六条短短的腿，而且它能够知道如何去利用这些短腿。从某种意义上讲，它算得上一位真正的闲游家。雄性的萤火虫到了发育完全的时候，会生长出翅盖，像真的甲虫一样。不过，事实上，它也是甲虫的一种，它对于飞行的快乐，却是一无所知的。

它终身都处于幼虫的状态，似乎永远也长不大。但它是有衣服的。[①]可以说，外皮就是它的衣服，它用外皮来保护自己。而且，它的外皮还具有很丰富的颜色呢。它全身是黑棕色的，但是胸部有一些微红。在它身体的每一节的边缘部位，还装饰着一些粉红色的斑点。像这样色彩丰富的衣服，蠕虫是不会穿的！

① 外貌、细节描写，非常细腻地介绍了萤火虫外皮、胸部、边缘部位的颜色，表现了它外皮颜色丰富多彩。

萤火虫有两个最有意思的特点：一是它获取食物的方法；二是它的尾巴上有灯。[②]虽然从萤火虫的外表来看，它似乎是一个纯洁善良而可爱的小动物，但是，它却是一个凶猛无比的食肉动物，而且它的捕猎方法十分凶狠。看来，它的外表也像其他昆虫一样具有一定的欺骗性。通常，它的俘虏对象主要是一些蜗牛。这个事实，早就被人们认识到了。而人们所不知道的，鲜为人知的，是萤火虫那种有些稀奇古怪（xī qí gǔ guài，指很少见，很奇异，不同一般）的捕食方法。

② 叙述，介绍了萤火虫外表与内心的区分以及它喜好的食物，为下面介绍其独特的捕食方法埋下了伏笔。

在它开始捕捉蜗牛以前，总是要先给它打一针麻醉药，使这个小猎物失去知觉，从而也就失去了抵抗的能力，以便它捕捉并食用。这就好比我们人类在动手术之前，在病床上先接受麻醉，从而渐渐失去知觉而不感到疼痛一样。

[③]在一般情况下，萤火虫所猎取的食物，都是一些很小很小的蜗牛。在气候非常炎热的时候，就会在路边的枯草或者是麦根上聚集着大量的蜗牛，像集体纳凉一般。它们一动不动地群伏在那些地方，生怕动一动就热气逼人似的。它们就是这样静止着，懒洋洋地度过炎热的夏天。

③ 环境、动作描写，介绍了萤火虫捕食猎物的大小，蜗牛聚集的地方以及它们懒洋洋的状态。

除了路边的枯草、麦根等地方以外，萤火虫也常常选择一些其他可以获得食物的地方出没或停留。比如说，它常到一些又凉快又潮湿的沟渠附近去溜达（liū da，散步，闲走）。因为在这些地方，经常会杂草丛生，在那里经常可以找到大量的蜗牛。

在我家的院子里，也可以经常制造出这样的地方，来吸引萤火虫到这里来捕食。因此，待在家里，我便能制造出一个战场，以便非常仔细地观察它们的一举一动。

那么，下面我就来叙述一下这种奇怪的情形吧。①我拿了一个大玻璃瓶，然后，再找一点儿小草，把草放到大玻璃瓶子里面，再往里边放进几只萤火虫，还有一些蜗牛。我取的蜗牛，大小比较适中，不算特别大，也不算特别小。一切准备工作就绪后，我们所需要做的就是等待，时间持续不长，几乎就是一会儿的时间。所以，必须目不转睛（mù bù zhuǎn jīng，眼珠子一动不动地盯着看。形容注意力集中）地紧紧盯住瓶中的这些生灵。

① 叙述，介绍了作者在实验前做的一些准备，说明了研究工作的烦琐。

不一会儿，玻璃瓶中就有事情要发生了。萤火虫已经开始注意到它的牺牲品了。看起来，蜗牛对于萤火虫而言，有极强的难以抗拒的吸引力。②通常，蜗牛的身体会微微露出一点儿，其余的躯体全部都隐藏在它的家中。于是，这位猎人跃跃欲试（yuè yuè yù shì，跃跃：急于要行动的样子；欲：要。形容急切地想试试），准备发起总攻了。它先做的事情，就是把随身携带着的兵器迅速地抽出来。这件兵器是何等的细小啊，要是没有放大镜的帮助，简直是一点儿也看不出来。③萤火虫的身上长有两片颚，它们分别弯曲起来，再合拢到一起，就形成了一把尖利、细小，像一根毛发一样的钩子。如果把它放到显微镜下观察，就可以发现，这把钩子上有一条沟槽。这件武器并没有什么其他更特别的地方。然而，这可是一件非常有用的兵器，是可以把对手置于死地的夺命宝钩。

② 动作描写，介绍了蜗牛习惯将躯体全部都隐藏在壳子里的习性。

③ 外貌描写，介绍了萤火虫用于捕食的武器。

[1]这个小小的昆虫，正是利用这样一件兵器，在蜗牛的外膜上，不停地、反复地刺。但是，萤火虫所表现出来的态度很平和，神情也很温和，并不像恶狼般凶猛，乍一看起来，好像并不是猎人在捕猎食物，在咬它的俘虏，倒好像是两个动物在亲昵接吻一般。当小孩子在一起互相戏弄对方的时候，它们常常用两根手指头，互相握住对方的皮肤，轻轻地揉搓。这种动作，一般情况下，我们常用“扭”这个字眼儿来表示。在这里。我们就可以说，萤火虫是在“扭”蜗牛，这样更贴切一些！

[2]萤火虫在扭蜗牛时，颇有它自己的方法。你会看到它一点儿也不着急，不慌不忙，很有章法。它每扭一下对方，总是要停下来一小会儿，仿佛是要审看一下，这一次扭产生了何等效果。萤火虫扭的次数并不是很多，顶多有五六次足矣。就这么几下，就能让蜗牛动弹不得，失去了一切知觉而不省人事。接下来，也就是萤火虫开始吃战利品的时候，还要再扭上几下。看起来，这几下扭更至关重要。

[3]由于萤火虫的动作非常迅速而敏捷，如同闪电一般，就已经将毒汁从沟槽中传送到蜗牛的身上了。这只是一个瞬间的动作，要非常仔细地观察才能觉察到。

当然，有一点是不用怀疑的，那就是，在萤火虫对蜗牛进行刺击时，蜗牛一点也不会感觉到痛苦。因为它已经沉浸到另一个世界里去了。

还有一次，我非常偶然地看到一只可怜的蜗牛遭受到萤火虫的攻击。[4]当时，这只蜗牛正在向前爬行着。它的足慢慢地蠕动着，触角也伸得很长。忽然，由于一下子的刺激和兴奋，这只蜗牛自己乱动了几下。但是，马上这一切就静止了下来，它的足也不再向前爬了。整个身体的前部也全然失去了温文尔雅的曲线。它的长长的触角也变得软了，不再向

❶ 动作、神情描写，通过“不停地、反复地刺”等动作描写，以及对萤火虫平和的神情描写，反映了萤火虫在捕食时淡定从容、不露声色的情形。

❷ 动作描写，通过对萤火虫在捕食时“扭”的动作描写，介绍了萤火虫捕食时的过程。

❸ 动作描写，介绍了萤火虫食用蜗牛的动作，这个与以往不同的动作说明了萤火虫迅猛的一面。

❹ 动作、细节描写，介绍了蜗牛突然死去的场景，为后来的假死作铺垫。

上伸展着了，而是垂到下边来，就像一根已经坏了的手臂一样，再也感受不到什么东西了。从这种种表面的现象来看，这只蜗牛已经死了，已经真的到另一个世界里去了。

在这只可怜的、假死的蜗牛既不生又不死的两三天内，我每天都坚持给它洗浴，清洁身体，特别是伤口。几天后，奇迹出现了。这只被萤火虫无情地伤害得很惨重的、几乎一命呜呼（yī mìng wū hū，指人死亡。这里指蜗牛死去）的家伙，已经能够自由地爬来爬去了，而且它的知觉也已经恢复正常了。当[①]我用小针刺击它的肉时，它立刻就会有反应，小小的躯体马上就会缩到背壳里藏了起来，就像什么都不曾发生过一样。它是完全可以爬行了，那对长长的触角重新又伸展开来，好像什么都没发生过一样。

[②]在它失去知觉的日日夜夜里，它仿佛进入了一种沉醉的状态，一切都惊动不了它，而现在则大不一样了。它醒了，而且完全苏醒了过来，奇迹般地逃离魔爪，获得了第二次生命。

在人类社会的科学中，人们已经发明创造了在外科手术时不会让人感觉到疼痛的方法，并且这种方法在医学实践上，已经被证明是非常成功的了。而那些昆虫采用的方法是，利用它们天生就长着的毒牙，向别的动物注射极小量的毒药，以达到让它失去知觉的目的。

我想我可以知道萤火虫利用这种方法猎取蜗牛的种种鲜为人知的理由。

假如蜗牛只是在地上爬行，甚至是蜷缩在自己的壳里，那么，对于它的种种攻击，是一点儿也不困难的。原因是蜗牛背上背的壳儿上并没有任何遮盖的东西加以保护，且蜗牛身体的前部是完全暴露在外面的，也是毫无遮挡的。但是，实际上，事情并没有这么简单。[③]蜗牛不仅仅在地上

❶ 动作描写，一个“缩”的动作，说明蜗牛有了知觉，表现了它死而复生的样子。

❷ 神态描写，介绍了蜗牛假死后的神态。

❸ 叙述，说明了蜗牛喜欢待在草秆顶上或光滑石面上的原因。

爬行，它经常是置身在较高而且不稳定的地方。比如，它喜欢趴在草秆的顶上，或者是待在很光滑的石面上。它贴身在这些地方，就不需要什么其他的保护了。因为，这些地点本身就为它提供了再好不过的天然保护。

当蜗牛把自己的身体紧紧地依附在这些东西上时，这些东西就像一个保护盖，具有了很好的保护作用。不过，一旦有一点儿没有遮盖严密，被萤火虫发现，它的钩子可一点儿也不讲情面。只要有机可乘，萤火虫是一定要钻空子的。总之，①萤火虫的钩子总会有办法可以触及蜗牛的身体。然后，一下子钩住，释放出毒液，蜗牛便会失去知觉。萤火虫就可以安安稳稳地找个地方坐下来，享用它的美餐了。

①动作描写，介绍了萤火虫如何运用钩子释放出毒液，将蜗牛变成自己的美餐的过程。

不过，蜗牛深居高处，特别是当它趴在草秆上时，很容易掉下来。一旦蜗牛落到地面上，那么，萤火虫就不得不去选择一个更好的猎物。所以，在萤火虫捕捉蜗牛时，必须要使它没有丝毫的痛苦感，失去知觉，让它动弹不得，从而也就不能轻易地逃跑了。因此，萤火虫在进攻蜗牛时，一定要采取触得很轻微的方法，以免惊动了这只蜗牛。因此，我想，萤火虫之所以具备这样的外科器具，理由不过如此而已吧！

萤火虫蔷薇花状的饰物

萤火虫在吃蜗牛时，又是采用怎样奇特的方法呢？萤火虫真的是在食用它吗？是不是要先把蜗牛分割成一片一片的，或者是割成一些小碎片或碎粒什么的，然后，再去慢慢地、细细地咀嚼品味它呢？

萤火虫的吃，并不是通常狭义上吃的意思，它只不过是以另一种方式来解决问题罢了。①具体方法是这样的，它要将蜗牛先做成非常稀薄的肉粥，然后，才开始食用。就像蝇吃小的幼虫一样，它能够在还没有吃之前，先把它弄成流质，然后再痛快地享用。

❶ 动作描写，通过制造、饮用等动作描写，说明萤火虫吃蜗牛时方法的奇特。

萤火虫先使蜗牛失去知觉，无论蜗牛的身体大小如何。②在开始的时候，总是常常只有一只的1/4大小。客人们也三三两两地跑过来了。它们和主人毫无争吵，全部聚集到一起，准备和主人一起分享食物。过了两三天以后，如果把蜗牛的身体翻转过来，它体内剩的东西，就会像锅里的羹一样流出来。这个时候，萤火虫的膳食已经结束了。它所饮用的只不过是一些其他动物已经吃剩下的东西。因而，一只蜗牛被其他昆虫同时分享了。

❷ 动作、细节描写，详细地介绍了萤火虫与客人分享美食的过程。

事实是很显然的。和前面我们已经看到过的“扭”的动作相似，它们经过几次轻轻地咬，蜗牛的肉就已经变成了肉粥。然后，许多客人一起跑过来共同享用。很随意的，每一位客人都一口一口地把它吃掉。而且，每一位客人都利用自己的一种消化素把它做成汤。能够应用这样一种方法，说明萤火虫的嘴是非常柔软的。萤火虫在用毒牙给蜗牛注射毒药的同时，也会注入其他的物质到蜗牛的体内，以便蜗牛身上固体的肉能够变成流质。这样一来，这种流质很适合萤火虫那柔软的嘴，使它吃起来更加方便。

蜗牛被我封闭在玻璃瓶里，虽然有的时候，它所处的地位不是特别稳固，但是，它还是非常小心的。③有的时候，蜗牛爬到了瓶子的顶部，而那顶口是用玻璃片盖住的。于是，它为了能在那里停留得更加稳固、踏实一些，它就利用随身携带着的黏性液体，粘在那个玻璃片上。这样，的确是非常稳定安全了。不过，一定要多用一些黏液，不

❸ 动作、细节描写，蜗牛在封闭的玻璃瓶中将自己粘在玻璃片上，一不小心，就会有危险，说明了在使用黏液时，一定要注意量的使用。

然的话，也是十分危险的。即便是微微地动一点儿，也足以使它的壳脱离那个玻璃片，掉到瓶底。

阅读心得

为了弥补腿部力量的不足，萤火虫常常要利用一种爬行器以及足部爬到瓶子的顶部去，先仔细地观察一下蜗牛的动静。接着，做一下判断和选择，寻找可以下来的地方。然后，就迅速地轻轻一咬，就足以使对手失去知觉了。这一切都发生在一瞬间，一点儿也不拖延，萤火虫开始抓紧时间来制造它的美味佳肴——肉粥，以准备作为数日内的食物。

当萤火虫一阵风卷残云后，便吃得很饱了。剩下的蜗牛壳也就完全空了。但是，这个空壳依然是粘在玻璃片上的，并没有脱落到瓶底，而且壳的位置也一点儿都没有改变，这都是黏液作用的结果。那个牺牲了的隐居者一点儿也不反抗，就这样静悄悄地、不知不觉地任人宰割，最终，变成了别人营养丰富、美不胜收（měi bù shèng shōu，形容美好的事物、景色非常多，一时间领略、欣赏不过来。这里指美食吃不过来）的大餐。因此，可以说，萤火虫处理蜗牛的方法是十分巧妙的。

把一只萤火虫放到放大镜下面进行仔细的观察研究，我们就可以很容易地发现，在萤火虫的身上，的确生长着一种特别的器官。在萤火虫的身体下面，接近它尾巴的地方，有一块白点，通过放大镜可以清楚地看到。这主要是由一些短小的指头组合而成的。

有的时候，这些东西合拢在一起形成一团，而有的时候，它们则张开，成蔷薇花的形状。就是这精细的结构帮助了萤火虫，使得它能够牢牢地吸在非常光滑的表面上，与此同时，还可以帮助它向前爬行。如果萤火虫想使自己紧紧地吸到玻璃片上，或者是草秆上，那么，它就会放开那些指头，让蔷薇花绽放开来。在支撑物上，这些指头放开得很大。[1]萤火虫就利用这种黏附力而牢固地附着在那些它想停留的支撑物上。而且，当萤火虫想在它所待的地方爬行时，它便让那些指头相互交错地一张一缩。这样一来，萤火虫就可以在看起来很危险的地方自由地爬行了。

[1] 动作、细节描写，介绍了萤火虫指头的形状与爬行的动作、作用。

那些长在萤火虫身上的，构成蔷薇花形的指头，是不长节的，但是，每一个都可以向各个方向随意转动。事实上，与其说它们像是指头，倒不如说它们更像一根根细细的管子更合适、贴切一些。要是说它们像指头的话，它们却并不能拿什么东西，它们只能是利用其黏附力而附着在其他东西上。[2]它们的作用很大，除黏附以及在危险处爬行这两大功能外，它们还具有第三种功能，那就是它们能当海绵以及刷子使用。在萤火虫饱餐一顿以后，当休息的时候，它便会利用这种自动的小刷子，在头上、身上到处进行清洁工作。这样既方便，又卫生，它之所以能够如此自如地利用身体的这一器官，主要是因为那指头有着很好的柔韧性，使用起来相当便利。在它饱餐之后，舒舒服服地休息一下，再用刷子一点一点从身体的这一端刷到另外一端，而且非常仔细、认真，几乎哪个部位都不会被遗漏掉。

[2] 叙述，介绍了萤火虫蔷薇花形指头的三种功能。

可以说，它是一种非常爱清洁，注意文明修养的小动物。从它那副神采奕奕（shén cǎi yì yì，形容精力旺盛，容光焕发）的表情来判断，这个小动物对清理个人卫生的事情还是非常重视的，也非常有兴趣去做。

萤火虫的灯

如果萤火虫除了利用那种类似于接吻一样的动作——轻轻地“扭”几下来施行麻醉术，就再也不会其他的才能了，那么，它的名声就不会有如此之大了。那它究竟还有什么样的奇特本领呢？

众所周知，萤火虫的身上还带有一盏灯，它会在自己的身上点燃这盏灯。[①]在黑夜中为自己留一盏灯，照耀着行进的路。这才是它成名的最重要的原因。

[②]雌性萤火虫那个发光的器官，生长在身体最后三节的地方。在前两节中的每一节下面发出光来，形成了宽宽的节形。而位于第三节的发光部位比前两节要小得多，只是有两个小小的点，发出的光亮可以从背面透射出来，因而在这个小昆虫的上下面都可以看得见光。从这些宽带和小点上，发出的是微微带蓝色的、很明亮的光。

而雄性的萤火虫则不一样，它只有尾部最后一节处的两个小点。而[③]这两个小点，在萤火虫类的全族之中，差不多全都具备，从萤火虫还处于幼虫时代开始，就已经具备这两个发光的小点。此后，随着萤火虫的成长，发光点也不断地长大。在萤火虫的一生中都不改变。这两个小点，无论在身体的上面，还是下面，都可以看见。但是雌萤火虫所特有的那两条宽带子则不同，它只能在下面发光。这就是雌性萤火虫和雄性萤火虫主要的区别。

我曾经在显微镜下观察过这两条发光的带子。在萤火虫的皮上，有一种白颜色的涂料，形成了很细很细的粒形物质，光就是发源于这个地方。在这些物质的附近，更是分布着一种非常奇特的器官，它们都有短干，上面还生长着很多细枝。这种枝干散布在发光物体上面，有时还深入其中。

我很清楚地知道，[④]萤火虫能够发光，是氧化的结果。那种形如白色涂料的物质，就是经过氧化作用以后剩下的余物。氧化作用所需要的空气，是由连接着萤火虫的呼吸

① 叙述，用简洁朴实的语言，说明了萤火虫成名的原因。

② 细节描写，非常细致地介绍了雌性萤火虫发光器官的位置以及发光的光点等。

③ 叙述，介绍了雄、雌萤火虫发光点的区别。

④ 叙述，介绍了萤火虫能发光的原因——由于“氧化作用”。

器官的细细的小管提供的。

那么，这个聪明的小动物，究竟是怎样调节自身光亮的呢？经过观察我了解到，如果萤火虫身上的细管里面流入的空气量增加了，那么，它发出来的光亮度就会变得更强一些；要是哪天萤火虫不高兴了，把气管里面的空气输送停止下来，那么，光的亮度自然就会变得很微弱，甚至是熄灭。

一些外界的刺激，将会对气管产生影响。这[1]盏精致的小灯——萤火虫身后最后一节上的两个小点，哪怕只有一点点的侵扰，立刻就会熄灭。这一点我深有体会，每次当我想要捕捉那些十分可爱的小动物时，它们总是爱和我玩捉迷藏的游戏。我明明清清楚楚地看见它在草丛里发光，并且飞旋着，但是只要我的脚步稍微发出一点儿声响，或者是我不知不觉地触动了旁边的一些枝条，那个光亮立刻就会消失，这个昆虫自然也就不见了。我也就失去了捕捉的机会。

然而，雌萤火虫的光带，即使受到了极大的惊吓和侵扰，也不会产生多大影响。比如说，我把一只雌萤火虫放在一个铁丝笼里，空气是完全可以流通的。然后，我们在笼子旁边放上一枪，就是这样暴烈的声音，萤火虫似乎什么也没听到，或者听到了也置之不理。它的光亮依然如故，丝毫没变化。于是我又换了一种方法。我取了一根树枝，而且还把冷水洒到它们的身上去，但是，这种方法也失败了。各种刺激居然都不奏效，没有一盏灯会熄灭，顶多是把光亮稍微停一下，但是，这种情况是很少发生的。然后，[2]我又拿了一个烟斗，往铁笼子里吹进一阵烟去。这一吹，那光亮停止了一些。还有一些竟然停熄掉了，但是即刻之间便又亮了。等到烟雾全部散去以后，那光亮便又像刚才一样

❶ 动作描写、细节描写，通过描写萤火虫与人玩捉迷藏的游戏，说明了外界刺激对于萤火虫光亮度的影响。

❷ 叙述，介绍了作者拿烟吹萤火虫的过程，通过用烟斗向铁笼子吹烟的实验，说明雌萤火虫的光亮对于烟的刺激不是很敏感。

明亮了。假如把它们拿在手掌上，然后轻轻地一捏。只要你捏得不是特别重，那么，它们的光亮并不会减少很多。到目前为止，我们还没有什么办法能让它们全体熄灭光亮。

萤火虫能够控制并且调节它的发光器官，随意地使它更明亮，或更微弱，或熄灭。不过，它也会失去自我调节的能力。如果我们从它发光的地方，割下一片皮来，把它放在玻璃瓶里面，虽然并没有像在活着的萤火虫身上那么明亮耀眼，但是，它也还是能够从容地发出亮光的。对于发光的物质而言，是并不需要什么生命来支持的。原因在于能够发光的外皮，直接和空气相接触而起作用。因此，气管中氧气的流通也就不必要了。

①叙述，介绍了萤火虫光亮在有空气的水中与沸水中的区别。

①就是在那种含有空气的水中，这层外皮发出的光也和在空气中发出的光同样明亮。如果是在那种已经煮沸过的水里，由于空气已经被“驱逐”出来了，于是，发出的光就会渐渐地暗下来了。再没有更好的证据来证明萤火虫的光是氧化作用的结果了。

②景物描写，介绍了萤光的色彩、柔和，表现了萤光美丽与温馨的特点。

②萤火虫发出来的光，是白色而且平静的。另外，它的光对于人的眼睛一点儿也不刺激，很柔和。这种光看过以后，便会很自然地让人联想到，它们简直就像那种从月亮里面掉落下来的一朵朵可爱洁白的小花朵，充满诗情画意的温馨。虽然这种光亮十分灿烂，但是它是很微弱的。

③叙述，介绍了萤火虫随处产卵的特性，表现了这种昆虫产卵的随意性。

这些能够发出光亮的小动物，本该是心中一片光明的小昆虫，事实上，它们却是一群狠心的家伙。家庭对于它们而言，是无足轻重（wú zú qīng zhòng，没有它并不轻些，有它也并不重些。指无关紧要）的。柔情对于它们也是没有丝毫意义的。③它们能够随处产卵。有的时候，产在地面上；有的时候，产在草叶上。无论何时何地，它们都可以随意散播自己的子孙后代，真可谓四处闯荡，四海为家。

而且在它们产下卵以后，就再也不去关注它们了，随它们自生自灭，顺其自然。

神采奕奕　无足轻重

虽然并没有像在活着的萤火虫身上那么明亮耀眼，但是，它也还是能够从容地发出亮光的。

第十章　被管虫

名师导读

被管虫不是一类虫子，而是几种蛾子的幼虫。在破旧的墙壁和尘土飞扬的大路上，或者是在那些空旷的土地上，我们都能发现它，它胆子不大，能一跳一跳地向前走动。除此之外，它身上还有很多的谜团有待我们去解开。

衣冠齐整的毛虫

当春天来临的时候，在破旧的墙壁和尘土飞扬的大路上，或者是在那些空旷的土地上，你能够发现一种比较奇怪的小东西，那是一个小小的柴束，它能自己一跳一跳地向前走动。没有生命的东西变成了有生命的东西，不会活动的居然能够跳动了。这究竟是怎么回事呢？

这一点的确非常稀奇，而且很令人感到奇怪。不过，如果我们靠近些仔细地看一看，很快就能解开这个谜了。

①在那些跳动的柴束中，有一条特别漂亮、特别好看的毛虫。在它的身上装饰着白色和黑色的条纹。大概它是正在寻找自己的食物，也许它是正在寻找一个可以让它安全化成蛾的地点。

②它很怯懦地朝前方急切地行走着，它总是穿着枝叶做

① 外貌描写，介绍了被管虫的色彩与纹路，说明了它十分漂亮。

② 神态、动作描写，介绍了被管虫前行时的神态，以及它的服装等。

成的奇异服装，完全把自己的身体遮挡住了。只有头和足的前部暴露在外。

只要受到一点小小的惊动，它就会隐藏到这层壳里一动也不动，生怕一不小心被其他的东西侵害了，这显然是一种自我保护的本能。

这就是柴束会走动的秘密，原来是柴把毛虫，属于被管虫一类的。

①为了防御气候的变化，这个既害怕寒冷又全身裸体的被管虫，建筑起了一个属于它自己的很轻便又很舒服的隐蔽场所，一个能够移动的安全的茅草屋。

在它还没有变成蛾的时候，一刻也不敢贸然离开这间茅草屋。这确实要比那种装有轮盘的草屋好一些，它完全是由一种特殊材料制作而成的隐士们穿的保护衣。

②被管虫的外衣，只是拿一个简简单单的枝叶做成的，没有任何过多的装饰物。可见，它们是多么不拘小节啊！四月里，在我们家作坊的墙上能够发现很多的被管虫，它们都向我提供了十分详尽的常识，如果它是在蛰伏的状态下，这就表示它们不久就要变成蛾子了。这是一个最好的机会，它使我能够直接仔细地观察一下它的外衣。

③这些外衣形状都是一个样子的，真的很像一个纺锤，大约有一寸半那么长。那位于前端的细枝是固定的，而末端则是分散开的，它们就是这样排列着的，要是没有什么其他更好的可以当作保护的地方，那么，这里就是可以抵挡日光与雨水侵袭的避难所了。

在没有认识它以前，乍一看，它真像一捆普通的草束。不过只是用草束这两个字并不能正确地形容它的样子，因为麦茎实在是很少见得到的。

④它的外衣的主要材料是那些光滑的、柔韧的、富有木

① 叙述，介绍了柴把虫建筑茅草屋的原因，说明了它怕冷的特征。

② 叙述，介绍了柴把虫外衣的材质。说明了它外形的简单与朴素。

③ 细节描写，介绍了柴把虫外衣的形状、长度、前后端的树枝排列情况，以及如此排列的功能。

④ 叙述，介绍了柴把虫在制作外衣时，所需的材料。

髓的小枝和小叶，其次，则是那些草叶和柏树的鳞片枝等，最后，如果材料不够用了，就采用那些干叶的碎片和碎枝。

总之，小毛虫遇到什么就使用什么，只要是那些轻巧的、柔韧的、光滑的、干燥的、大小适当的就可以了。所以，它的要求还不算苛刻。

①它所利用的材料完全都是依照其原有的形状，一点儿都不加以改变，也就是说既保持原有材料的性质，又保持原有材料的形状。

① 叙述，介绍了柴把虫在制作外衣时，不改变所需材料以及所选用材料形状的情况。

一些过长的材料，它也不修整一下，使其变得适合。造屋顶的板条也直接被它拉过来使用。它的工作只不过是把前面固定就行了。这对它是很简单易行的。

因为②要是想让旅行中的毛虫可以自由地行动，特别是在它装上新枝的时候，仍然能够使它的头和足可以自如地活动，这个"匣子"的前部必须用一种特别的方法装置而成。仅仅是用树枝装饰成的"匣子"对它而言是不适用的。理由很简单，因为它的枝特别长而且还很硬实，这就大大妨碍了这位勤劳的工人的工作，使它不能正常地尽职尽责。

② 叙述，说明了"匣子"的前部必须用特别方法装置而成的原因。

它所需要的是必须拥有一个柔软的前部，使得它可以向任何方向自由地转来转去，从而可以很高兴地完成本职工作。

③那些硬树枝，在离毛虫前部相当远的地方，就中止了，取而代之的是一种领圈，那里的丝带只是用一种碎木屑来衬托，这样，就增加了材料的强度和韧性，从而不妨碍毛虫的弯曲性。这样一个能够使毛虫自由行动和弯曲的领圈是非常重要的，而且是绝对不可缺少的。以至于无论它的做法有怎样的不同，而所有的被管虫都要用到它。

③ 叙述，说明领圈对于柴把虫非常重要的原因。

在柴束前部，那张用纯丝织成的网，外面包裹着绒状的木屑。这木屑是毛虫在割碎那些干草的时候得到的。

我把草匣的外层轻轻地剥掉，将它撕碎，就会发现里面有很多极细的枝干，我曾经仔细地数过，有八十多个呢！[①]在这里面，从靠近毛虫的这一端到那一端，我又发现了同样的“内衣”。这种“内衣”全都是由坚韧的丝做成的，这种丝的韧性很强，人用手拉都不能把它拉断。这是一种光滑的组织，其内部是美丽的白色，外部是褐色的而且有皱纹，还有细碎的木屑分散地装饰在上面。

① 动作、细节描写，介绍了柴把虫“内衣”的材质、特性，说明了柴把虫“内衣”的精巧。

于是，我要看看毛虫是如何做成这件精巧外衣的。[②]这件外衣内外共有三层，它们按一定次序叠加在一起。第一层是极细的绫子，它可以和毛虫的皮肤直接接触；第二层是细碎的木屑，用来保护衣服上的丝，并使之坚韧；最后一层是用小树枝做成的外壳。

② 细节描写，分别介绍了柴把虫每层外衣的材质与所用材料的功能。

虽然各种被管虫全都穿上了这种三层的衣服，不过，不同种族的外壳却有所不同。[③]有一种，六月底我在靠近屋子旁边尘土飞扬的大路上遇见的，它的壳无论从形式还是从做法上来看，比以前我见到过的都要更加高明一些。它的外壳是用很多片材料制作而成的，比如那种空心树干的断片、细麦秆的小片，还有那些青草的碎叶等。在壳的前部，简直找不到一点儿枯叶的痕迹。我先前所说的那一种，是常常有的，但那足以妨碍其美观。长出外皮之后，除去颈部的领圈之外，这个毛虫的全身都武装在那个用细杆做成的壳里面。总体上的差别并不是很大，不过最显著的一点差异就是外表美观。

③ 细节描写，在这里，作者又介绍了他看见的另外的一种壳，以及制作壳的材料。

还有一种身材比较小，衣服比较简易的被管虫，在冬天快要结束的时候，在墙上或树皮多皱的老树上，比如，在洋橄榄树或榆树上，常常可以发现它的踪迹。当然在其他的地方也会见到。它的壳非常小，常常还不到一寸的五分之二长。它随意地拾起一些干草，然后，把它们平行地黏合起来，除去丝质的内壳以外，这就是它全身衣服的材料了。

慈 母

如果我们在四月的时候捉几条幼小的被管虫，把它们放在铁丝罩子里面，关于它们的一些事情，我们便可以了解得更多一些，也可以观察得更仔细一些。这时，它们中的多数还是处在蛹的时代，等待着有朝一日变成蛾子。但是它们并不都是那么安分守己（ān fèn shǒu jǐ，分：本分。规矩老实，守本分，不做违法的事），有的比较活跃好动，它们会很自豪地爬到铁丝格子上去。在那里，它们会用一种丝质的小垫子，把自己的身体固定好，无论是对它们而言还是对我而言，都要耐心地等待几个星期，然后，才会有一些事情发生。

到了六月底的时候，雄性的幼虫从壳里跑出来了，它已经不再是什么毛虫了，而是变成了蛾子。

①这个壳，即一束细杆，你应当记得，它有两个出口，一个在前面，另一个在后面。前面的一个，是这个毛虫很谨慎、很细心制作的，是永远封闭着的，因为毛虫要利用这一端钉在支持物上，以便使蛹得以固定在上面。

②虽然雄蛾只穿着一件十分简单的黄灰色衣服，只有苍蝇大小的翼翅，然而，它却是异常漂亮的，上面长有羽毛状的触须，翼边还挂着细须头。

至于雌蛾，则很少能够在一些比较显眼的地方捕捉到。比别的昆虫迟几天以后，它才会从壳里姗姗来迟地钻出来，其形状简直是难看到了极点，这个怪物也就是雌蛾。

① 细节描写，介绍雄性被管虫幼虫壳的出口。

② 外貌描写，介绍了被管虫雄蛾的色彩、大小、触须，表现了它外在的美丽。

①它没有长翅膀，什么都没有，在它背的中央，连毛也没有，光秃秃、圆溜溜的。人们简直懒得看它一眼。在它圆圆的有装饰的体端，戴有一顶灰白色的小帽子，第一节上，在背部的中央，长着一个大大的、长方形的黑斑点——这便是它身体唯一的装饰物，雌被管虫放弃了蛾类所有的一切美丽，这就是雌蛾怪物般的形象。当它离开壳的时候，就在里面产卵。于是，母亲的茅屋（即它的外衣）就留传给它的后代子孙了。它的卵产得很多，所以，产卵的时间也很长，要经过三十个小时以上。

①外貌描写，介绍了被管虫雌蛾初生时的模样，它没有翅膀，背中间没有毛，表现了它外在的丑陋。

②产完卵后，它将门关闭起来，使其免受外来的侵扰，从而获得一种安全感。为了达到这个目的，某种填塞物是必要的。于是，这位溺爱的母亲，在它一贫如洗、穷困潦倒的情况下就只能利用它仅有的衣服了。

②叙述，介绍了雌蛾产完卵后用衣服塞住门口，来获得安全感，用仅有的衣服保护卵，体现了雌蛾对卵无私的爱。

最后，它所做的还不限于此，它还要拿自己的身体来做屏障。经过一次激烈的震动以后，它死在这个新屋的门前，留在那里慢慢地干掉，即使在死后，它还依然留守在阵地，为了下一代，死了也甘心。别看它外表丑陋不堪，但实际上它的内心、它的精神是很伟大的。

破开外面的壳，我们可以看到那里面储存有蛹的外衣，它基本一点儿也没有受到损坏，雄蛾要从这个狭小的隧道中出来时，会感觉到它的翼和羽毛是很笨重的负担，而且对它形成了一定的阻力。

③当毛虫还处在蛹的时候，就拼命地朝门口奔跑，最后，终于成功地撞开琥珀色的外衣，在它的前面，出现了一块开阔的场所，可以允许它自由地飞行了。

③动作描写，介绍了蛹撞开琥珀色的外衣，获得自由的过程，用“拼命”“撞开”等词表现了蛹为获得自由而做出的努力。

但是，雌蛹不长翼，也不生羽毛，用不着经过这种艰难的步骤。

它圆筒形的身体是裸露出来的，和毛虫没有什么区别。

所以，可以容许它在狭小的隧道中爬出爬进，一点儿困难也没有。而它把外衣抛弃在后面——抛在壳里面，作为盖着茅草的屋顶。

同时，还有一个非常深谋远虑的举动，在它脱下的纸状袋子里，雌蛾已经把卵产在里面了，直到把它装满为止，但是仅仅把它的房子与丝绒帽子遗传给子孙，这并不能让它感到满足。

有一次，我从柴草的外壳里捡来一只装满卵的蛹袋，并把它放在玻璃管中。在七月的第一个星期里，我忽然发现，我竟然拥有了一个被管虫的大家族。它们孵化的速度是如此之快，差不多有四十多只新生的毛虫，竟在我没有看见的时候，在我还没来得及注意的时候，统统都穿上衣服了。

①它们的衣服特别像波斯人戴的头巾，由光亮的白绒制作而成，通俗地说，就像一种白棉的礼帽，只是没有帽缨子。

① 外貌描写，把新生毛虫的衣服比喻成白棉的礼帽，生动形象地介绍了新生毛虫的外貌。

不过，说起来很奇怪，它们的这顶帽子不是戴在头顶上的，而是从尾部一直披到前面来的，它们在玻璃管里非常得意地跑来跑去，这顶帽子究竟是由哪种材料做成的，织造的步骤又是什么样的？

在蛹袋里面，我又找到了它们第二个大家族，其数目和先前跑出去的差不多。大概有五六打的卵在里面。

②我把那些已经穿好衣服的毛虫拿走，只留下这些裸露着身体的新客房在玻璃管里面，它们有鲜红的头部，身体的其余部分全都是灰白色的，全身还不足一寸的1/25长。

② 外貌描写，主要介绍了新生毛虫的头部、身体的颜色以及长短的比例。

我等待的时间并不长，从第二天开始，这些小动物就成群结队地离开蛹袋，用不着把这些摇篮弄破，只从它们母亲在当中弄破的口中出来就行了。

它们一起冲到柴枝壳粗糙的外面，那是我故意为它们留下来的，而且直接靠近那个装有卵的蛹袋，于是，这些小动物开始感觉到它们面临的情况有些不对头，便产生了一种迫切感。

它们之中有的注意到了已经咬裂开的细枝，撕下那柔软洁白的内层；有的很大胆，深入到隧道，在黑暗中努力收集一些材料，它们的勇敢当然会有所回报的，它们得到了极其优等的材料，用这些织成雪白的衣服；还有一些毛虫加入了其他一些东西，制作成了杂色的衣服，于是，雪白的颜色给黑的微粒玷污了。

小毛虫制作衣服的工具就是它们的大头，其形状很像一把剪刀，并且它还长有五个坚硬的利齿，这把剪刀的刀口靠得很紧凑。虽然它很小，但它却很锋利，能夹住也能剪断各种纤维。

把它放在显微镜下可以清楚地观察到，小毛虫的这把剪刀竟然是机械的，而且是强有力的奇异标本。

被管虫的幼虫太微小了，它们也太纤弱了。别看这个小东西如此微小，但它可是一位制造毛毯技术的专家，它天生知道怎样从它母亲留给它的旧衣服上裁剪出自己的衣服来。

①我已经说过铺在蛹袋里的毛绒，它很像一张鸭绒的床铺，软软乎乎，舒舒服服的。小毛虫钻出卵以后，就睡在这张床上休息一会儿，为到外面的世界中去做好准备。

野鸭会脱下身上的绒毛，用它为后代做一张华丽舒适的床；母兔会脱下身上那些最柔软的毛，为它新出生的儿女做一张温暖的垫褥。雌被管虫也做着同样的事情。

②母亲会用一块柔软的充塞物，给小毛虫做成温暖的外衣，这材料非常精细而且美观。在显微镜下仔细地观察，可以看到上面有一点一点的鳞状片体，这就是它为儿女们制作衣服的最好的呢绒材料。小幼虫不久就会在壳里出现，因此，要给它们准备好一个温暖的屋子，让它们可以在里

① 叙述，介绍了被管虫的幼虫在蛹袋里舒适的生活状况，为下面介绍母亲的无私付出作铺垫。

② 叙述，介绍了雌被管虫为幼虫做外衣所用的材料。

面自由地游戏玩耍。在它们还没有进入到广大的世界里去之前，可以在里面休息，积蓄力量。所以母蛾像母兔、母鸭一样从身上取下毛，为儿女建造一片美好的天地。

聪明的裁缝

现在我要详细地讲一讲这些小幼虫的衣服了。

①卵的孵化是从每年的七月初开始的，小幼虫的头部和身体的上部呈现出鲜明的黑色，下面的两节是棕色的，其他部分都是灰灰的琥珀色。它们是一些十分精致的小生物，跑来跑去的脚步很短小，而且也很快。

①叙述，介绍了卵的孵化月份，以及幼虫的头部和身体的上部呈现的颜色。

它们从孵化的袋里钻出来以后，有一段时间，它们仍然需要待在绒毛堆里。这里要比它们钻出来的那个袋子更加空旷舒适一些。它们待在绒毛堆里，有些在休息，有些十分忙乱，有些则比较心急，已经开始练习行走了。

在这个看上去比较奢华的地方，它们并不留恋。等到它们的精力逐渐充沛时，就纷纷爬出来散布在壳上面。随后积极的工作就开始了，它们逐渐将自己穿着打扮起来。食物问题以后才会想起来解决，目前却只有穿衣服是最要紧的事情，看来这些小家伙把脸面上的事看得很重。

如今，幼被管虫穿起自己母亲的衣服（这同样必须记清，不是它身上的皮，而是它的衣服）。它们从树枝的外壳，也就是我有时称作屋子，有时称作衣服的那种东西，剥取下一些适当的材料，然后开始利用这些材料，给自己做衣服。它所用的材料都是小枝中的木髓，特别是裂开的几枝，主要是因为它的髓更容易取。

它们制作衣服的方法倒是非常值得注意。这种填塞物

都被弄成极其微小的圆球。那么，这些小圆球是怎样连接在一起的呢？这位小裁缝需要一种支持物作为基础。而这个支持物又不能是从毛虫自己身上得来。这个困难并不能难倒这些聪明的小家伙，[①]它们把小圆球聚集起来弄成一堆，然后依次用丝将它们一个个绑起来。于是，困难就这样被克服了。你已经知道了，毛虫是能从自己身上吐出丝来的，就像蜘蛛能吐丝织网一样。采用这种方法，把圆球或微粒连接在同一根丝上，做成一种十分好看的花环，等到足够长了以后，这个花环就围绕在这个小动物的腰间，留出六只脚，以便行动自由，末梢再用丝捆住，于是就形成了一根圈带，围绕在这个小幼虫的身上。

① 动作、细节描写，介绍了幼被管虫吐丝、制作圈带的过程，表现了它的聪明可爱。

这个圈带就是所有工作的起点和幼虫所需的支持物。完成第一道工序后，小幼虫再用大腮从壳上取下树心，固定上去，使它不断增大，于是就形成了一件完整的外衣。[②]这些碎树心或圆球，有时被放置在顶上，有时又被放在底下或旁边，不过通常都是放在前边的时候居多。没有其他设计，会比这个花环的做法更好了。外衣刚一做出来的时候，是平的，后来把它扣住以后就像带子，圈在小毛虫的身体上。

② 叙述，介绍了幼被管虫制衣的第一道工序、环节以及外衣最初的形状。

最初的工作已经完成了，然后它会继续纺织下去。于是，那个圈带逐渐成为披肩、背心和短衫，后来成为长袍，几个小时以后，就完全变成一件雪白的崭新的大衣了。

在玻璃管中，我对这些新生的小幼虫也曾做过好几回试验。

[③]从一种蒲公英的茎里，它毫不犹豫地挖出雪白的心髓，然后，将它做成洁净的长袍子，比它的母亲遗留给它的旧衣服要精致得多。有时，还有更好的衣服，是用一种特殊植物的心髓织造而成的。这一回的衣服上面饰有细点，像一粒粒的结晶，或白糖的颗粒。这可真正算是我们裁缝

③ 动作、细节描写，介绍了幼被管虫制衣时取材以及做饰物的环节，同时运用了比喻的修辞手法。

制作的杰出作品了。

第二种材料，是我提供给它们的。[①]那是一张吸墨纸，同样的，我的小幼虫也毫不犹豫地割碎其表面，用它做成一件纸衣服，它们对这种新奇的材料非常喜爱，也非常感兴趣。当我再给它们提供那种原来的柴壳当作服装的材料时，它们竟然不予理睬，弃而不顾，选取这种吸墨纸来继续做它们的衣服。

① 叙述，介绍了幼被管虫用第二种材料的情况，准确地写出它们对吸墨纸这种材料的兴趣与喜爱。

对于别的小幼虫，我什么东西也没有提供给它们，然而它们并没有就此罢休。它们非常聪明，采用了另一种方法，急急地去割碎那个瓶塞，使其成为小碎块，然后将这些小碎块割成极其微小的颗粒，好像它们和它们的祖先曾经利用过这种材料一样，因为看上去这些小幼虫对这些材料并不陌生。这种稀奇的材料，也许毛虫们从来没有利用过，然而它们把这些材料拿来做成衣服，竟然与其他材料做成的毫无差别。这些小幼虫的所作所为真是让人感到惊奇！

从而我知道了它们能够接受干而轻的植物材料。于是我决定换一种方法做试验，用动物与矿物的材料来试试。[②]我割下一片大孔雀蛾的翅膀，把两个裸体的小毛虫放在上面。它们两个先是迟疑了好长时间，然后其中的一个就决心要利用这块奇怪的地毯。一天的工夫都不到，它就穿起了亲手用大孔雀蛾翅膀做成的灰色绒衣了。

② 动作描写，说明了幼被管虫擅长用干而轻的材料做衣服。

第二回，我又拿来一些软的石块，其柔软的程度，只要轻轻一碰，就能破碎到如同蝴蝶翼上的粉粒。在这种材料上，我放了四个需要衣服的毛虫。[③]有一个很快就决定把自己打扮起来，开始为自己缝制衣服。它的金属衣服，像彩虹一样发出各种颜色的亮光，闪烁在小毛虫的外壳上。这当然是很贵重，而且非常华丽的，只不过有点太笨重了。在这样一个金属物的重压之下，小毛虫的行走变得非常辛

③ 细节描写，介绍了幼被管虫的金属衣服的形状与质地。

苦，非常缓慢。不过，东罗马的皇帝在国家有重大仪式的时候，也是如此呢！

为了满足本能上的迫切需要，幼小的毛虫也不顾忌这种蠢笨的行动了。穿衣服的需要太迫切了，与其光着身子还不如纺织一些矿物。①爱美之心虫也有之，它也愿意把自己打扮得漂漂亮亮的。吃的东西对于它并没有像穿的东西那样重要，只顾穿衣打扮，外表好看，是这些小毛虫的共性与天性。假如先将它关起来两天，然后再换去它的衣服，将它放在它喜欢吃的食物面前，比如一片山柳菊的叶子，它一定先做一件衣服，这是必然的，因为一件衣服穿在身上后，它才会放心地去满足饮食需要。

它们对于衣服如此需要，并不是因为特别怕冷，而是因为这种毛虫有先见。②别的毛虫在冬天，都是把自己隐藏在厚厚的树叶里，有的藏在地下的巢穴里，有的在树枝的裂缝里，这是怕寒的毛虫。但是，我们所说的被管虫却安然地暴露在空气中。它不怕寒，也不怕冷，从有生之日起，它就学会了怎样预防冬季的寒冷。

③受到秋天细雨的威胁以后，它又开始做外层的柴壳，开始时做得很草率、很不用心，参差不齐的草茎和一片片的枯叶，混杂在一起，没有次序地缀在颈部后面的衬衣上，头部必须是柔软的，可让毛虫向任何方向自由转动。这些不整齐的第一批材料，并不妨害建筑物后来的整齐。当这件长袍在前面增长起来的时候，那些材料便被甩到后边去了。

过一段时间，碎叶渐渐地加长，小毛虫也更细心地选择材料。各种材料都被它直排地铺下去。它铺置草茎时的敏捷与精巧，真令人大吃一惊（形容对发生的事感到十分意外）。人们惊异地发现小毛虫的动作不仅如此之快，如此之轻巧，而且还做得很认真，铺垫得很舒适，这是一些大

① 叙述，先说明幼被管虫注重穿衣打扮，再用一个假设证明这一点，用事实说明幼被管虫对于衣服的强烈需求与喜好。

② 叙述，通过寒冷天气里其他毛虫四处隐藏这个事实，说明了它们是怕寒的动物。

③ 动作、细节描写，介绍了被管虫做寒衣的时间以及所用的材料等。

阅读心得

的昆虫无法比拟的。真的不能小看它们呀！

它将这些东西放在腮和脚之间，不停地搓卷，然后用下腮很紧地把它们含住，在末端削去少许，立即贴在长袍的尾端。它的这种做法或许是要使丝线能粘得更坚固、更结实。

在还没有放到背上以前，小毛虫用腮的力气，将草管竖起来，并且在空中舞动，吐丝口就立即开始工作，将它粘在适当的地方。等到寒冷的天气来临时，保护自己的温暖外壳已经做好了，所以，它可以安心地过自己的日子了。

①细节描写，介绍了被管虫长袍的材料与质地。

①不过这衣服内部的丝毡，并不很厚实，但能使它感到很舒服。等到春天来临以后，它可以利用闲暇的时间加以改良，使它又厚又密，而且变得很柔软。就是我们拿去它的外壳，它也不再重新制造了，它只管在衬衣上加上新层，直到不能再加为止。这件长袍非常柔软，宽松而且多皱，又舒适、又美观。虽然既没有保护，也没有隐蔽之所，但是它以为这并不重要。做木工的时间已经一去不复返了，该是装饰室内的时候了，它只一心一意（yī xīn yī yì，只有一个目的，没有别的念头或想法。形容一门心思只做一件事）地装饰它的室内，填充房子——即它的长袍，而房子已经没有了。它将要凄惨地死去，被蚂蚁咬得粉碎，成为蚂蚁的一顿美餐。这就是本能过分顽固的结果吧！

不辞辛劳　一心一意

人们惊异地发现小毛虫的动作不仅如此之快，如此之轻巧，而且还做得很认真，铺垫得很舒适，这是一些大的昆虫无法比拟的。真的不能小看它们呀！

第十一章　樵叶蜂

名师导读

樵叶蜂是白色带着条纹的昆虫，它们喜欢用嘴巴作剪刀，靠眼睛和身体的转动，剪下丁香花或玫瑰花的小叶子来储藏蜂蜜和卵。它们把小叶子搓成一个塞子把地道塞好，以加强对自己家园的护卫。所以说，樵叶蜂是一个擅长用小叶子的高手。

①如果你在园子里漫步，会发现丁香花或玫瑰花的叶子上，有一些精致的小洞，有圆形的，也有椭圆形的，好像是被谁用巧妙的手法剪过了一般。有些叶子的洞实在太多了，最后只剩下了叶脉。这是谁干的呢？它们又为什么要这样做呢？是因为好吃，还是好 玩呢？这些事都是樵叶蜂干的，它们用嘴巴作剪刀，靠眼睛和身体的转动，剪下了小叶片。②它们这么做，既不是 觉得好吃，也不是为了好玩，而是这些剪下来的小叶片在它们的生活中实在太重要了。它们把这些小叶片凑成一个个针箍（zhēn gū，即顶针，做针线活时戴在手指上的工具）形的小袋，袋里可以储藏蜂蜜和卵。每一个樵叶蜂的巢都有一打针箍形的小袋，那些袋一个个地重叠在一起。

我们常看到的那种樵叶蜂是白色的，带着条纹。它常常寄居在蚯蚓的地道里。③樵叶蜂并不利用地道的全部作自己的居所，因为地道的深处往往又阴暗又潮湿，而且不适

❶ 景物描写，介绍了被樵叶蜂用来储藏蜂蜜和卵的树叶的形状。

❷ 叙述，介绍了小叶片的用途。

❸ 叙述，说明了樵叶蜂将居所选择于靠近地面七八寸长的那段的原因。

合排泄废物，有时还会遭受其他昆虫的偷袭。所以它只用靠近地面七八寸长的那段作自己的居所。

樵叶蜂一生中会碰到许多天敌，那地道毕竟不是一个安全坚固的防御工事。那么，它用什么办法来加强对自己家园的护卫呢？你瞧，那些剪下来的碎叶又派上大用场了。它用剪下的许多零零碎碎的小叶片，把深处给堵塞了。这些用来堵塞的小叶片，都是樵叶蜂漫不经心地从叶子上剪下来的。所以,看上去非常零碎，不像筑巢用的那些小叶片一样整齐。

①在樵叶蜂的防御工事之上有五六个小巢。这些小巢由樵叶蜂所剪的小叶片筑成。这些筑巢用的小叶片比那些做防御工事的碎片要求要高得多，它们必须是大小相当、形状整齐的碎叶，圆形叶片用来做巢盖，椭圆形叶片用来做底和边缘。

① 叙述，介绍了樵叶蜂小巢的数量、材质、要求等。

这些小叶片，都是用它那把小刀——嘴剪成的。为了适应巢的各部分的要求，它往往用这把剪刀剪出大小不同的小叶片。②对于巢的底部，它往往精心去设计，一点儿也不含糊。如果一张较大的叶片不能完全吻合地道的截面的话，它会用两三张较小的椭圆形的叶片凑成一个巢底，一直到紧密地与地道截面吻合为止，决不留一点空隙。

② 叙述，说明了樵叶蜂巢底选材的要求，表现了樵叶蜂建巢底用材的要求与讲究。

做巢盖的是一张正圆形的叶片。它好像是用圆规精确地规划过，可以完美无缝地盖在小巢上。

一连串的小巢做成后，樵叶蜂就着手剪许多大小不等的叶片，搓成一个塞子把地道塞好。

最值得我们思考的是，樵叶蜂没有任何可以用来当模子用的工具。但它这些用来做盖的圆叶片，恰好天衣无缝（tiān yī wú fèng，仙女的衣服没有衣缝。比喻事物周密完善，找不出什么毛病）地盖在巢上，非常完美。而小巢在地道的下面，它们不知道随时测量小巢的大小，它们只靠感觉来决定这只小巢所需要的叶盖大小。

[1]圆形的叶片，不能剪得太大或太小。太大了盖不下，太小了会跌落在小巢内，使卵活活闷死。你不用担心樵叶蜂的技术，它能很熟练地从叶子上剪下符合要求的叶片，虽然没有模子，但却是那么精确。樵叶蜂为什么有这么深厚的几何学基础呢？

樵叶蜂没有看到自己的巢盖，根本没有这样一个印象。[2]对樵叶蜂来说，它必须在离家很远的地方，毫不犹豫地剪下一片大圆叶，使它恰好能做巢的盖子。我们觉得很难的事，对它来说像小孩游戏一样稀松平常。我们如果不用测量工具的话，比如绳子之类，或一个模型或是一个图样，我们就很难选择一个大小适宜的盖子。可樵叶蜂什么都不需要，对于如何建造，它们的确比我们聪明得多。

在实用几何学问题上，樵叶蜂的确胜过我们。当我看到樵叶蜂的巢和盖子，再观察了其他昆虫在“科技”方面创造的奇迹——那些都不是我们的结构学所能解释的，我不得不承认我们的科学还远不及它们。

❶ 叙述，介绍了樵叶蜂建巢盖时所选用叶片的大小以及做工的精准。

❷ 叙述，介绍了樵叶蜂做叶盖的环节，它不用测量工具也能准确地剪裁好叶盖，说明它非常聪明。

美 词 佳 句

天衣无缝　零零碎碎

做巢盖的是一张正圆形的叶片。它好像是用圆规精确地规划过，可以完美无缝地盖在小巢上。

第十二章　采棉蜂和采脂蜂

名师导读

采棉蜂是不适宜做掘土工作的，它们只能做装修工作。采棉蜂和泥匠蜂、樵叶蜂一样有灵巧的嘴，但它们的工作无论从方式上还是成果上看，都截然不同。而采脂蜂则粗心大意，这点表现在筑巢的时候，一个小小的疏忽，就给它的后代造成了极大的悲剧。

我们知道，有许多蜂像樵叶蜂一样自己不会筑巢，只会借居别的动物遗留或抛弃的巢作自己的栖身之所。有的蜂会借居泥匠蜂的故居，有的会借居于蚯蚓的地道中或蜗牛的空壳里，有的会占据矿蜂曾经盘踞（jù）过的树枝，还有的会搬进掘地蜂曾经居住过的沙坑。①在这些借居的蜂中有一种叫采棉蜂，它的借居方式尤其奇特。它在芦枝上做一个棉袋，这个棉袋便成了它绝佳的睡袋；还有一种叫采脂蜂，它在蜗牛的空壳里塞上树胶和树脂，经过一番装修，就可以当房间用了。

① 叙述，介绍了采棉蜂与采脂蜂的巢，说明了它们在做巢时所选择的地点不同。

泥匠蜂很匆忙地用泥土筑成了“水泥巢”，就算大功告成了；木匠蜂在枯木上钻一个九英寸深的孔也开始心满意足（形容心中非常满意）地过日子了。尽管它们的家很粗糙，它们还是以采蜜产卵为第一重要的大事，没有时间去精心装修它们的居室，屋子只要能够遮风挡雨就行了；而②另几类蜂可算得上是装饰艺术大师，像樵叶蜂在蚯蚓的地

② 细节描写，介绍了樵叶蜂、采棉蜂蜂巢的饰物。说明了它们装饰技艺的高超。

道中做一串盖着叶片的小巢，像采棉蜂在芦枝中做一个小小的精致棉袋，使原来的地道和芦枝别有一番风情，令人不由得拍案叫绝。

看到那一个个洁白细致的小棉袋，我们可以知道采棉蜂是不适宜做掘土工作的，它们只能做这种装修工作。棉袋做得很长也很白，尤其是在没有灌入蜜糖的时候，看起来像一件轻盈精致的艺术品。我想没有一个鸟巢可以像采棉蜂做的棉袋那样清洁、精巧。它是怎样把一个个小棉花球集中起来，拼成一个针箍形袋子的呢？它也没有其他特殊的工具，只有和泥匠蜂、樵叶蜂一样灵巧的嘴，但它们的工作无论从方式上还是成果上看，都截然不同。

我们很难看清楚采棉蜂在芦枝内工作的情形，它们通常在毛蕊花、蓟（jì）花、鸢（yuān）尾草上采棉花，那些棉花早已没有水分了，所以不会出现难看的水痕。

它是这样工作的：[①]它先停在植物的干枝上，用嘴撕去外表的皮，采到足够的棉花后，用后足把棉花压到胸部，成为一个小球，等到小球有一粒豌豆那么大的时候，它再把小球放到嘴里，衔着它飞走了。如果我们有耐心等待的话，将会看到它一次次地回到同一棵植物上采棉，直到它的棉袋做完。

采棉蜂会把采到的棉花分成不同的等级，以适应袋中各个部分不同的需要。有一点它们很像鸟类，鸟类为使自己的巢结实一些，会先用硬硬的树枝做成架子；为了使巢温暖舒适些，适宜孵育小鸟，会用不同的羽毛填满巢的底部。采棉蜂也是这样做它的巢，它用最细的棉絮衬在巢的内部，入口处用坚硬的树枝或叶片做“门”和“窗”。

我看不到采棉蜂在树枝上做巢的情形，但我却看到了它怎样做“塞子”，这个“塞子”其实就是它的巢的“屋

阅读心得

① 动作描写，“先停在植物的干枝上，用嘴撕去外表的皮……”非常具体地描写了采棉蜂采棉的情形。

顶”。[1]它用后足把棉花撕开并铺开，同时用嘴把棉花内的硬块撕松，然后一层一层地叠起来，并用它的额头把它压结实，这是一种很粗的工作。推想起来，它做别的精细工作时，大概也是用这种办法。

[2]有几只采棉蜂在做好屋顶后，怕不可靠，还要把树枝间的空隙填起来。它们利用所有能够得到的材料：小粒的沙土、一撮泥、几片木屑、一小块水泥，或是各种植物的断枝碎屑。这巢的确是一个坚固的防御工事，任何敌人都无法攻进去。

[3]采棉蜂藏在巢内的蜂蜜是一种淡黄色的胶状颗粒，所以，它们不会从棉袋里渗出来。它的卵就产在这蜜上。不久，幼虫孵出来了，它们刚睁开眼睛，就发现食物早已准备好了，把头钻进花蜜里，大口大口地吃着，吃得很香，也渐渐变得很肥。现在我们已经可以不去照看它了，因为我们知道，不久它就会织起一个茧子，然后变成一只像它们母亲那样的采棉蜂。

另外，还有一种蜂，它们也是利用别人现成的房子，稍加改造变为自己的居住之处，那就是采脂蜂。在矿石附近的石堆上，常常可以看到采脂蜂吃各种硬壳的蜗牛。它们吃完后就跑了，石堆上留下一堆空壳。在这中间我们很可能找到几只塞着树脂的空壳，那就是采脂蜂的巢了。竹蜂也利用蜗牛壳做巢，不过它们是用泥土做填充物的。

关于采脂蜂巢内的情形我们很难知道。因为[4]它的巢总是做在蜗牛壳螺旋的末端，离壳口有很长的距离，从外面根本看不到里面的构造。我拿起一只壳照了照，看上去挺透明的，也就是说这是只空壳，以后很可能被某个采脂蜂看中，在此安家落户，于是我把它放回原处。我又换一只照照，结果发现第二节是不透明的，看来这里面一定有东

① 动作描写，用撕、压等动作，形象地表现了采棉蜂做“屋顶”的场景。

② 细节描写，表现了采棉蜂加固“屋顶”的场景。

③ 神态、动作描写，介绍了采棉蜂蜂蜜的形状以及小采棉蜂食用蜂蜜时吃得非常香的神态。

④ 叙述，介绍了采脂蜂巢在蜗牛壳中的位置，以及看不清它构造的原因。

西。是什么呢？是下雨时冲进去的泥土，还是死了的蜗牛？我不能确定。于是我在末端的壳上弄一个小洞，看见了一层发亮的树脂，上面还嵌着沙粒。一切真相大白了，这正是采脂蜂的巢。

[1]采脂蜂往往在蜗牛壳中选择大小适宜的一节作它的巢。在大的壳中，它的巢就在壳的末端。在小的壳中，它的巢就筑在靠近壳口的地方。它常常用沙粒嵌在树胶上做成有图案的薄膜。起初我也不知道这就是树胶。这是一种黄色半透明的东西，很脆，能溶解在酒精中，燃烧的时候有烟，并且有一股强烈的树脂气味。你可以根据这些特点，判断出采脂蜂用的是树干里流出来的树脂。

[2]在用树脂和沙粒做成的盖子下，还有第二道防线，用沙粒、细枝等做的壁垒，这些东西把壳的空隙都填得严严实实的。采棉蜂也有着类似的防御工程。不过，采脂蜂这种工程只有在大的壳中才有，因为大的壳中空隙较多。在小的壳中，如果它的巢离入口处不远，那它就用不着筑第二道防线了。

在第二道防线后面就是小房间了。[3]在采脂蜂所选定的一节壳的末尾，共有两间小屋，前屋较大，有一只雄蜂，后室较小，有一只雌蜂——采脂蜂的雄蜂比雌蜂要大。有一件事科学家们至今仍无法解释，那就是母蜂怎能预先知道它所产的卵是雌的还是雄的呢？也就是它们怎么保证产在前屋的卵将来是只雄蜂，而产在后屋的卵一定会是雌蜂呢？

有时，采脂蜂筑巢的时候，一个小小的疏忽会造成下一代的悲剧。筑巢时，采脂蜂会用一只大的壳，把巢筑在壳的末端，但是从入口处到巢的一段空间它忘记用废料来填充。前面我们提到过有一种竹蜂也是把巢筑在蜗牛壳里的，它往往不知道这壳的底部已经有了主人，一看到这个

❶ 细节描写，介绍了采脂蜂建巢时所选择蜗牛壳中的位置，以及它所取用的材质。

❷ 叙述，介绍了采脂蜂建巢时，第二道防线的位置、材质等。“这些东西把壳的空隙都填得严严实实的”，说明了它的第二道防线非常坚固。

❸ 叙述，介绍了采脂蜂巢房间一大一小的原因。

壳里还有一段空隙，就把巢筑在这段空间里，并且用厚厚的泥土层把入口处封好。[①]七月来了，悲剧就开始了。后面采脂蜂巢里的蜂已经长大，它们咬破了胶膜，冲破了防线，想解放自己。可是，它们的通道早已被一个陌生的家庭堵住了。它们试图通知那些邻居，让它们暂时让一让，可是无论它们怎么闹，外屋那邻居始终没有动静。是不是它们故意装作听不见呢？不是的，竹蜂的幼虫此时还正在孕育中，至少要到明年春天才能长成呢！难怪它们一直无动于衷（wú dòng yú zhōng，衷：内心；动：动作，触动。心里一点儿不受感动；一点儿也不动心，不动摇）。采脂蜂无法冲破泥土的防线，一切都完了。它们只能活活地饿死在洞里。[②]这只能怪那粗心的母亲，如果它早能料到这一点，那么这悲剧也就不会发生了。如果那粗心的母亲得知是自己活活杀死了孩子们，不知道该有多悔恨！不幸的遭遇并不能使采脂蜂的后代学乖，你想，那些被关在壳里的小蜂们永远埋在了里面，没有一个能生还，这件事也随着小蜂们的死去而永远埋在了泥土里，又怎么能让采脂蜂的后代吸取教训呢。

① 动作描写，介绍了小采脂蜂出巢时无可奈何的情况，从而说明了采脂蜂筑巢时的疏忽所造成的严重后果。

② 心理描写，表达了作者对小采脂蜂的同情以及对母亲粗心所造成悲剧的惋惜之情。

心满意足　无动于衷

棉袋做得很长也很白，尤其是在没有灌入蜜糖的时候，看起来像一件轻盈精致的艺术品。

第十三章　西班牙犀头甲虫

名师导读

清道夫甲虫——西班牙犀头甲虫最显著、最特别的地方，就是它胸部的陡坡和头上长的角，这种甲虫是圆的，它缺乏挖掘能力，性格很不活泼。对于搓捏圆球的技术，它明显表现出特别的外行。但它对待孩子，却像任何一位母亲一样无私，对自己的子女只有爱护、关怀与奉献。

神圣甲虫做球是它们的职业！它要在地底下做球。[①]一个动物有着长而弯的腿，用它把球在地上滚来滚去是很便利的。无论在哪里，自然都要从事自己所喜欢的职业。自己想干的工作，就一定要干好，只有这样才能在自然界中求生存，才能在大自然中繁衍后代，一代一代地生存下去。

神圣甲虫并不顾及自己的幼虫，或许它将外壳做成梨形这件事仅仅是碰巧了。

如今，在我的住所附近，有这样一种甲虫，它是甲虫中最漂亮、个子最大的，那就是西班牙犀头甲虫。

[②]它最显著、最特别的地方就是胸部的陡坡和头上长的角。

这种甲虫是圆的，而且很短。当然，它也就不适合做神圣甲虫所做的那些运动。它的腿不足以供做球使用。稍有一点点惊扰，它的腿就本能地蜷缩在自己的身体下面，

① 叙述，介绍了甲虫腿的形状以及对工作的影响。

② 外貌描写，介绍了西班牙犀头甲虫的胸部与角以及形状等，突出了这种甲虫头部与胸部的典型特征，以及缺少勇敢气魄的个性。

阅读心得

它不像一个勇敢者，也不像神圣甲虫那样有勇敢的气魄。

它们一点也不像搓滚弹丸的工具，它们那种发育不全的形象，表明它们缺乏挖掘功能，这足以使我们清楚它是不能带着一个滚动的圆球走路的。

的确，西班牙犀头甲虫的性格很不活泼。有一次，在夜里，或在黄昏的月光下，它寻找到食物，就在原来的地点挖开一个洞穴。它的这种挖掘很草率，洞穴最大的也只能藏下一个苹果。

在这里，它逐渐堆下刚找来的食物，直到要堆积到洞穴的门口。

①它的食物没有规则地堆积成一大堆，这就足以证明西班牙犀头甲虫的贪吃和馋嘴了。食物能够吃多长时间，它就在这底下待多长时间，一直待到吃完所存的食物为止。等它把所有存储的食物全都吃完以后，它的仓库空了，它这才又重新跑出来，再去寻找新鲜的食物，然后再另挖掘一个洞穴，重复它那种存了吃，吃完了再出来找的周期性运动。

① 叙述，介绍了西班牙犀头甲虫“存了吃，吃完了再出来找的周期性运动”的特点。

说实在的，它只不过是一个清道夫，是一个肥料的收集者而已。对于搓捏圆球的技术，它明显表现出特别的外行，加上它短而笨的腿，也极其不适合干这种技术性的工作。

②在五六月之间，产卵的时候到了，这个昆虫则变成了非常擅长选择最柔软的材料，最舒适的环境，为它顺利产卵打下一个良好环境的能手了。

② 叙述，介绍了西班牙犀头甲虫产卵的时间，以及要为此所做的一些准备。

它开始为它的家族制作食物，如果找到一个地方，只要它认为是最好的，便立刻把它们埋在地下。然而，我看到的这个洞穴，比它自己储存吃食的临时洞穴更宽大一些，而且也更为精细。

我觉得在这种野外的环境里，想要仔细观察西班牙犀头甲虫的一些生活习惯以及它的生长过程，是非常不容易

的。所以，后来我就将它放到我的昆虫屋里。这样，我可以更加仔细、清晰地观察。这为我提供了许多方便。

①起初，因为这只可怜的昆虫被我俘虏了，所以有一些胆怯，它可能认为大难即将来临。当它做好了洞穴以后，自己出入洞穴时，也还是提心吊胆，唯恐自己再次被伤害。然而从这以后，它也就逐渐地壮起胆来，在一夜之间，将我提供给它的食物全部储存起来了。

①神态、动作描写，表现了西班牙犀头甲虫成为俘虏的神情以及得到作者所提供的食物后的表现。

②一个星期快要过去的时候，我挖起昆虫屋中的泥土。我发现，之前我见过它储存食物的洞穴显现出来了，这是一个很大的厅堂，也可以说是一个很大的仓库。它的屋顶并不很整齐，四壁也很普通，地板差不多是平平坦坦的。

②细节描写，介绍了西班牙犀头甲虫用来储存食物的洞穴的大小以及屋顶的情况等。

③在一个角上，找个圆孔，从这里一直通往倾斜的走廊，这个走廊一直通到地面上。这个房子——昆虫的别墅——用新鲜的泥土掘成的一个大洞。它的墙壁，曾经被很仔细地压过，很认真地装饰过。这也就足以抵抗我在做试验时所引起的地震了。并且很容易就能看到这个昆虫以及它所有的技能，它不遗余力，用尽所有的掘地力量，来做一个永久的家。可是它的餐室却仅仅是一个土穴，墙壁做得也不那么坚固。

③细节描写，介绍了西班牙犀头甲虫别墅的材质以及墙壁。

那么，在许多食物放下去的土屋中，我所看到的是什么样的呢？是一大堆小土块，互相堆叠在一起吗？实际上不是想象的那样。我只看到单独的一个很大的土块，除一条小路外，储存食物的那一个屋子，全都被塞满了。

④这种圆堆块没有一定的形状，有的大小像火鸡的蛋，有的像普通的洋葱头，有的是差不多完整的圆形。这使我想起了荷兰的那种圆形硬酪。有的是圆形而上部微微有点凸起。然而，无论是哪一种，其表面都是很光滑的，呈现出精致的曲线。

④细节描写，介绍了西班牙犀头甲虫土屋的不同形状，表现了土屋曲线的精巧。

[1]这位母亲，不辞辛苦地一次一次带去很多很多材料，收集在一起并搓成一大团。它的做法是，捣碎这许多的小堆，将它们合在一起，并把它们揉合起来，同时也踩踏它们。有好几回我都曾经见到它在这个巨大的球顶上。

当然，这个球要比神圣甲虫做的那个大得多，两个互相比较一下，后者只不过是个小小的弹丸而已。[2]它有时也在约四寸直径的凸面上徘徊，敲它、拍它、打它、揉它，使它变得坚固而且平坦。我只有一次见过如此新奇的景观。当它一见到我的时候，立刻就滚到弯曲的斜坡下不见了。它发现，它的所作所为已被人注意到了，完全暴露身份和目标，所以它就溜之大吉了。

借助于一排墨纸盖住的玻璃瓶，在这里我发现了许许多多有趣的事情。

首先我发现了这个大球的雕饰过程——常常是很整齐的，无论其倾斜程度的差异如何。

[3]我每次到瓶边观察时，所得到的证据都是一个样子的。我常常看到母虫爬到球顶上，看看这里看看那里，看看这边又看看那边，它轻轻地敲，轻轻地拍，尽量使之光滑，似乎没有见过它有想移动这个球的意思。

事实证明，它制球是并不采用搓滚的方法的。

这就像面包工人将面粉团分成许多小块，每一块都将成为面包。这西班牙犀头甲虫也是一样的做法。[4]它用头部锋利的边缘及前爪的利齿，划开圆形的裂口，从大块上随意割下小小的一块来。在做这件工作的时候，一点儿也不犹豫，也不改做。它从不在这里加上一点儿，或者在那里去掉一点。直截了当，只要一次切割，它就得到适当的一块了。

其次，就是如何使球有一定的形状。它竭力将球抱在

❶ 动作描写，描写了母西班牙犀头甲虫制作顶部时的动作，表现了它的不辞劳苦。

❷ 动作描写，通过西班牙犀头甲虫敲它、拍它、打它等动作，表现了其球顶制作工序的烦琐。

❸ 动作描写，描写了西班牙犀头甲虫制球时的动作，证明西班牙犀头甲虫在制球时，并不采用搓滚的方法。同时也说明作者观察的细致。

❹ 动作描写，通过西班牙犀头甲虫制球时的一些动作描写，表现了西班牙犀头甲虫制球时精益求精的精神。

那双短臂之间，用压力把它做成圆块。它很庄严、很郑重地，在不成形的一块食物上爬上爬下，向左爬，向右爬，向前爬，向后爬，不停地爬，耐心地不停触摸，最后，经过二十四小时以上的工作，球终于从有棱有角的东西变圆了，像成熟的梅子一样大小。

它不停地用足摩擦圆球的表面，再经过很长的时间，最后它终于满意了。然后，它爬到圆顶上面，慢慢地压，压出一个浅浅的穴来，就在这个穴里它产下一个卵。

阅读心得

于是，它非常小心地把这个穴的边缘合拢起来，以遮盖它产下的那个卵，再把边缘挤向顶上，使之略略尖细而突出。最后，这个球就成椭圆形的了。

它的洞穴中隐藏着三四个蛋形的球，一个紧靠着一个，而且排列都很有规则，细小的一端全都朝着上面。

经过长期的工作以后，谁都以为它也像神圣甲虫一样，跑出来寻找自己的食物去了。然而，它没有那样做，而是在那里一动不动地守着，而且也不肯去碰一碰为自己的子女预备下的食物。

它不出去的目的，当然是为了看守这几个为子女建筑的摇篮。因为这是这个家族生存的基本条件之一，因而要仔细地看护它。

神圣甲虫的“梨”正是因为母亲的离开，而遭到损坏的，当母亲离开不久，“梨”就已破裂开了。经过一个相当长的时间以后，就不成形状了，就这样，一个家被毁掉了。

但是西班牙犀头甲虫的蛋，可以保存完好，并长时间地保存，因为它有母亲的关心爱护，母亲的一份责任感，才使它们的蛋完好地保存下来。

[1]它从这一个跑到那一个上，再从那一个跑到另一个上，看看它们，听听它们，唯恐它们有什么闪失，受到什

[1] 动作描写，生动形象地说明了西班牙犀头甲虫对甲虫蛋非常关爱。

么外来的侵害。就像母亲对自己怀里的婴儿一样，关怀得无微不至。这小甲虫真是一个好母亲。

它修补这儿，修补那儿，生怕它的小幼虫受到什么干扰，受到外来的欺辱。它虽然很笨拙而且有角，有足，但是视觉在黑暗中竟然比我们的视觉在日光中还要灵敏。只要有细微的破裂，它立刻就会跑过去，赶紧修补一下。

①它在摇篮中狭窄的过道里跑出跑进，为的是保护它的卵。它仔细观察，认真巡视，假如我们打扰它，破坏它正常的生活，它就立刻用体尖抵住翼尖壳的边缘，做出柔和的沙沙之声，如同和平的鸣声，又像发出强烈的抗议一般。

②它这样辛辛苦苦地关注着它的摇篮。有时候它实在困了，也会在旁边睡上一小会儿，但时间不会太长的，只是打一会儿盹儿，绝不会高枕无忧地睡上一大觉。这位母亲就是这样在看守它的卵，为它的后代做出无私奉献的。

西班牙犀头甲虫在地下室中，有着一个昆虫所稀有的特点，那就是照顾自己家庭的快乐。这是多么伟大的母爱呀！这是一个奉献者的自豪。

③它在自己弄下的缺口处，听见它的幼虫在壳内爬动，争取自由。当这个“小囚犯”伸直了腿，弯曲了腰，想推开压在自己头上的天花板时，它的母亲会意识到，小幼虫一天天长大了，要独立生活了，该自己去外面闯荡一番了。这只小幼虫自己出来，感受自由与生命的美好。

既然有建造修理的本领，为什么不能打碎它呢？然而，我不能做出肯定的回答，因为我没有见到过这种事情发生。或许可以说这个母虫，被关在无法逃脱的玻璃瓶子里，所以，它一直守在巢中，因为它没有任何行动的自由。

假如它急切地想恢复自由，它当然要在瓶中爬上爬下，毫无休止地忙碌。但是，我只看见它很平静，也很安心地

① 动作描写，西班牙犀头甲虫跑出跑进只为保护它的卵，说明了它的爱卵之情是多么浓厚。

② 神态描写，描写西班牙犀头甲虫呵护摇篮时的专注表情，表现了西班牙犀头甲虫对幼虫无私的母爱。

③ 动作描写，通过幼虫在壳内爬动，“伸直了腿，弯曲了腰”等动作，说明它长大了，在争取自由。

待在圆球旁。

为了得到确切的第一手资料真相，我随时去察看玻璃瓶中的现象如何。

如果它要休息，它可以任意地钻入沙土中，到处都可以隐藏它的身体；如果需要饮食，它也可以出来取得新鲜食物。然而它既不休息，也不饮食，没有什么可以使它离开自己的家族片刻。①它只坐镇在那里，直到最后一个圆球破裂开。我常见它总是坐在摇篮旁边，那份安静，那份重担在肩的责任感很让我感动。

① 动作描写，介绍了西班牙犀头甲虫坐等圆球破裂时的动作以及作者为此感动的心情。

大概有四个月的时间，它不吃任何食物，它已不像最初时那么贪嘴了，此时，对于长时间的坐守，它竟然有非常惊人的自制力了。

夏天过去了。人类和牲畜都很希望下几场雨，终于下来了，地上积了很深的水。于是，在普罗旺斯酷热干燥的夏季过后，凉爽的气候来了，它复活了。

②石南开放了它红色钟形的花，海葱绽放穗状的花朵，草莓树的珊瑚色果子也已经开始变软，神圣甲虫和西班牙犀头甲虫也裂开外层的包壳，跑到地面上来，享受一下一年来这最后几天的好天气了。

② 景物描写，通过对石南花与海葱绽放的花形、色彩以及草莓树果子色泽的描写，点明了小神圣甲虫和小西班牙犀头甲虫出壳的时间。

刚刚解放出来的西班牙犀头甲虫家族，与它们的母亲一起，逐渐地来到地面。小西班牙犀头甲虫大概有三四个，最多的是五个。公的西班牙犀头甲虫生有比较长的角，很容易就能分辨出来。

母的西班牙犀头甲虫与母亲则很难分辨。因此它们之间，很容易混淆（hùn xiáo，混杂，使界限不分明，这里指母的西班牙犀头甲虫与母亲区别不大，很难分辨）。不久，又有一种突然的改变发生了。从前牺牲一切的母亲，现在对于家族的利益，已不再那么关心了。

阅读心得

自此，它们各自开始管理自己的家和自己的利益了。它们彼此之间也就不相互照应了。

目前，虽然母甲虫对家族漠不关心（态度冷淡，毫不关心的意思），但我们都不能因此而忘记它四个月来辛辛苦苦的看护，防止蜜蜂、黄蜂、蚂蚁等其他生物的干涉和侵犯。自己养儿育女，关心它们的健康，直到长成之后，据我所知，再没有别的昆虫能够做到这些了。

它独自为每个孩子预备摇篮似的食物，并且尽心修补，以防止其破裂，使摇篮十分安全，这是一个母亲无私的奉献。

它的情感如此浓厚与执着，使它失掉了一切的欲望和饮食的需要。

在黑暗的洞穴里看护它的骨肉达四个月之久，在子女们未被解放出来之前，决不恢复户外的快乐生活。我们不禁对这种小昆虫产生了无限的敬意！

无微不至　漠不关心

它独自为每个孩子预备摇篮似的食物，并且尽心修补，以防止其破裂，使摇篮十分安全，这是一个母亲无私的奉献。

第十四章 两种稀奇的蚱蜢

名师导读

恩布沙有“小鬼”之称，其外貌非常奇特，它如同古代占卜家一样戴着奇形怪状的尖帽子，虽然其模样有些吓人，但性格尚算温和。在夏天最炎热的时候，我们常可以见到白面孔的螽斯，它在长长的草上来回跳跃。这种螽斯，虽然智力低下，但却会用一种科学的杀戮方法。

“小鬼”恩布沙

海洋是生命最初出现的地方，至今还存在许多奇形怪状的动物，让人们无法统计出它们的具体数目，也分不清它们的具体种类。这些动物界原始的模型，保存在海洋的深处，这就是我们常说的，海洋是人类无尽的宝库，它是人类生存的重要条件之一。

但是，在陆地上，从前的奇形动物差不多都已经灭绝了，只有少数被遗留下来，能留到现在的大多是一些昆虫类的动物。其中之一就是那种祈祷的螳螂，关于它特有的形状和习性，我已经在前文中说过了。另一种则是恩布沙。

[1]这种昆虫，在它的幼虫时代，大概要算普罗旺斯省内最怪的动物了。它是一种细长，摇摆不定的奇形怪状的昆

阅读心得

①外貌描写，介绍了恩布沙的身体形状，为后面描写它奇异的样子作铺垫。

虫。它的形状和任何昆虫都不一样，没有看惯的人，绝不敢用手指去碰触它。我近邻的小孩，看了这个奇怪的昆虫以后，留下了很深的印象，他们叫它为“小鬼”。他们想象它和妖法魔鬼等多少有些关系。[1]从春季到五月，或是到秋天，有时在阳光温暖的冬天，也可以遇见它们，虽然它们从不集成大群。

[1] 叙述，介绍了恩布沙出现的季节，说明了它喜欢温暖的环境。

[2]荒地上坚韧的草丛，可以受到日光照耀，并且有石头可以遮风的矮树丛，都是畏寒的恩布沙最喜欢的住宅。

[2] 环境描写，说明了恩布沙喜欢有阳光的地方。

我要尽一切可能告诉你们，它看起来像什么样子。它身体的尾部常常向背上卷起，曲向背上，形成一个钩的形状，身体的下面，即钩的上面，铺垫着许多叶状的鳞片，并排列成三行。

[3]这个钩架在四只长而细的，形如高跷的腿上；每只足的大腿和小腿连接之处，有一个弯的、突出的刀片，这个刀片与屠夫切肉常用的那种刀相似。

恩布沙有很长而且很直的胸部突起，形状圆而且很细，像一根草一样，在突起的末梢，有狩猎的工具，是完全类似螳螂的那种狩猎工具。

[3] 外貌、细节描写，介绍了恩布沙大腿与小腿之间的刀片状器官，以及胸部突起的狩猎工具。

这里有比较尖利的鱼叉，还有一个残酷的老虎钳，生长着如锯子似的小齿。上臂做成的钳口中间有一道沟，两边各有五只长长的钉，当中也有小锯齿。臂做成的钳口也有同样的沟，但是锯齿比较细，比较密一些，而且很整齐。

[4]在它休息的时候，前臂的锯齿嵌在上臂的沟里。它的整体就像一架可以加工的机器，有锯齿、有老虎钳、有沟、有道，如果这部机器再稍微大一点，那它就成了令人可畏的刑具了。

[4] 外貌、细节描写，介绍了恩布沙整个身体的形状。

[5]它的头部也和这种机器相辅相成。这是一个多么怪异的头啊！尖形的面孔，卷曲而长的胡须，巨大而突出的眼

[5] 外貌、细节描写，通过描写头部尖形的面孔，卷曲而长的胡须等，说明了恩布沙奇怪的相貌。

睛，在它们中间还有短剑的锋口；在前额，有一种从未见过的东西——一种高的僧帽一样的东西，一种向前突出的精美头饰，向左向右分开，形成尖起的翅膀。

为什么这个“小鬼”要像古代占卜家一样戴着奇形怪状的尖帽子呢？它的用途在后面我们就会知道了。

在幼虫时代，这动物的颜色是普通的，大抵为灰色，待发育以后，就会变为灰绿、白与粉红的条纹。

①如果你在丛林中遇见这个奇怪的东西，它在四只长足上动荡，头部向着你不停地摇摆，转动它的僧帽，凝视着你。

在它的尖脸上，你似乎可以看到要遭受危险的形象。但是，如果你想要捉到它，这种恐吓姿势，马上就会不见了。②它高举的胸部就会低下去，竭力用大步逃之夭夭，并且它的武器会帮助它握着小树枝。假如你有比较熟练的眼光，它就很容易被捉住，关在铁丝笼子里。

起初，我不知道应该如何喂养它们。我的“小鬼”又很小，最多只有一两个月大。我捉大小适宜的蝗虫给它们吃，我选取其中最小的一些喂给它吃。

“小鬼”不但不要它们，而且还惧怕它们，无论那个无思想的蝗虫怎样很温和地靠近它，都会受到很坏的待遇。尖帽子低下来，愤怒地一捅，蝗虫便滚跌开去。

③因此可知，这个魔术家的帽子实际上是自卫的武器。雄羊用它的前额来冲撞，和它的对手进行搏斗，同样，恩布沙也在用它的僧帽来和它的对手进行对抗。

第二次，我喂给它一只活的苍蝇，这时恩布沙立即就接受了，把它当成一次佳肴。④当苍蝇走近它的时候，早已守候着的恩布沙掉转它的头，弯曲着胸部，给苍蝇猛然一叉，把它夹在两条锯子之间。

我惊奇地发现，一只苍蝇不仅可供给它一餐，而且足

❶ 动作描写，通过描写足、头部的动作，再次说明这个动物的奇怪之处。

❷ 动作描写，表现了恩布沙遇到危险时的反应。

❸ 动作描写，通过冲撞、搏斗等动作，表现恩布沙在遇到对手时的反应，这里也说明了它僧帽的功能。

❹ 动作描写，通过弯曲了胸部，给苍蝇猛然一叉等动作，生动地再现了恩布沙捕猎时的场景，表现了它的英勇。

够整日食用，甚至可以连着吃上几天。这种相貌凶恶的昆虫，竟然是极其节食的动物。

①我开始以为它们是一个个魔鬼，但是，后来发现它们的食量像病人一样少。在冬天的几个月里，它完全是断食的。到了春天，才开始吃少量的米蝶和蝗虫。它们总在颈部攻击俘虏，如螳螂一般。

幼小的恩布沙，被关在笼子里时，有一种非常特殊的习性。

②在铁丝笼里，它用那四只后足的爪，紧握着铁丝倒悬着，纹丝不动，活像一只倒挂在横杠上的小金丝猴。如果它想移动一下，前面的鱼叉就会张开，向外伸展开去，然后，紧握住另一根铁丝，朝怀里拉过来。

用这种方法将这只昆虫在铁丝上拽动，仍然是背朝下的，于是它把鱼叉两口合拢，缩回来放在胸前。

这种倒悬的姿势，对于我们而言一定会很难受的，也是很不容易做到的，要是人很可能就会得病，要么是高血压，要么是脑出血。但是，恩布沙保持这样的姿势，可以持续十个月以上。

③它悬挂在铁丝网上，背部朝下，猎取、吃食、消化、睡眠，经过昆虫生活所有的经历，直至最后死亡。它爬上去时年纪还很轻，而落下来的时候，已经是苍老的尸首了。

它这个习惯的动作，应该是只有处在俘囚期的时候才会如此，并不是这种昆虫天生的、固有的习惯。因为在户外，除去很少的时候，它站在草上时是背脊向上的，并不是倒悬着的。

和这种行为相似的，我还知道另外一个稀奇的例子，比这个还要特别一些，就是一种黄蜂在夜晚休息时的姿态。④有一种特别的黄蜂——生有红色前脚的“泥蜂”，八月

❶ 动作描写，通过饮食以及攻击猎物的动作，表现了恩布沙非常独特的饮食特性。

❷ 动作、神态描写，通过紧握、伸展等动作，介绍了恩布沙在笼子中的奇怪姿势。

❸ 叙述，说明了恩布沙保持独特姿势的时间之长。

❹ 叙述，通过描写“泥蜂”傍晚在大风大雨即将来临时的状态，表现了“泥蜂”的特性。

底的时候在我的花园里非常多，它们很喜欢在薄荷草上睡觉。在傍晚时，特别是在窒闷的日子里，暴风雨正在酝酿，大风大雨即将来临的时候，我们却能见到一个奇怪的睡眠者——仍然在那里安详地熟睡着。

大概在晚上休息时，它的睡眠姿态也没有比这个更奇怪的了。①它用颚咬入薄荷草的茎内，方的茎比圆的茎更能握得牢固一些，它只用嘴咬住它，身体却笔直地横在空中，腿折叠着，身子和树干成直角。这昆虫把全身的重量，完完全全地放置在它的大腮上。

❶ 动作描写，通过对“泥蜂”睡眠时的动作描写，表现了它睡眠时的独特姿态。

“泥蜂”利用它强有力的颚这样睡觉，身体伸展在空中。如果按动物的这种情形来推测，我们从前对于休息的固有观念就要被推翻了。

②大约在五月中旬，恩布沙已经发育成熟了。它的体态和服饰比螳螂更引人注目。它还保留着一点幼稚时代的怪相—— 垂直的胸部，膝上的武器和它身体下面的三行鳞片。但是它现在已经不能卷成钩子，它现在看起来也文雅多了：大型灰绿色的翅膀，粉红色的肩头，下面的身体装饰着白色和绿色的条纹。

❷ 动作、外貌描写，介绍了五月中旬恩布沙的体态与服饰。

雄性恩布沙是一个花花公子，和有些蛾类相似，夸张地用羽毛状的触须修饰着自己。

在春天，农人们遇见恩布沙的时候，他们总以为是看到了螳螂——这个秋天的女儿。

它们外表很相像，以致人们都怀疑它们的习性也是一样的。因为外观一样，又都是昆虫类的动物，所以，人们没有认真仔细观察，也没有考察过它们的行动坐卧，就猜测它们的生活习惯是一样的。

但是，事实上因为它的那种异常的甲胄（zhòu，头盔，古代战士戴的帽子），会使人们想到恩布沙的生活方式甚至

比螳螂要凶狠得多。但是，这种想法却错了。

尽管它们都具有一种作战的姿态，但恩布沙却是一个比较和平友好的动物！

[1]把它们关在铁丝罩里，无论是半打（一打是十二只，半打是六只）或者只有一对，它们没有一刻忘掉柔和的态度。它们之间都是和平友好、互利相处的，甚至到发育完成的时候，它们几个也是互相体谅、互相谦让、互不侵犯的。它们吃的东西比较少，每天食用两三只苍蝇就足够了。

❶叙述，通过恩布沙与同伴间和平共处，说明了它是一种比较友好的动物，不是弱肉强食者。

食量大的小动物，当然是好争斗的。吃得饱的动物，把争斗当作一种消化食物的手段，同时，也是一种健身的方式。争强好胜，事事不让人，从来不吃亏，这是典型的弱肉强食者的特点，这种动物从来就是见便宜就占，见利益就争，见好事就抢。[2]螳螂一见到蝗虫立刻就会兴奋起来，于是，战争就不可避免地开始了。螳螂立刻就扑向蝗虫，但是蝗虫也不示弱，两者你争我斗，蝗虫用利齿欲扑向螳螂，但螳螂用它尖利的双颚给蝗虫以有力的反扑。你争我斗的场面，十分精彩。

❷动作描写，介绍了螳螂与蝗虫之间打斗场面，说明了螳螂是弱肉强食者。

但是，节食的恩布沙，是个和平的使者，它从不和邻居们争斗，也从不扮“鬼”的形状去恐吓外来者。[3]它也从不像螳螂那样，和邻居们争夺地盘；从不突然张开翅膀，也不像毒蛇那样做喷气、吐舌状；从来也不吃掉自己的兄弟姐妹，更不像螳螂那样，吞食自己的丈夫。这种惨无人道的事情，它是从来不做的。

❸通过与螳螂的比较，以及动作描写，说明了恩布沙与螳螂品性的不同。

这两种昆虫的器官是完全一样的。所以，这种性格上的不同，与身体的形状无关，与其外表也无关。或许可以说是由于食物的差异而造成的。

无论是人还是动物，淳朴的生活总可以使性格变得温和一些，随和一些。这些都可以营造一个和平共处的好环

境。但是，自奉太厚了，就要开始残忍起来。贪食者吃肉又饮酒——这是野性勃发的普遍原因——从不能像隐士一样温和平静。它是吃些面包，在牛奶里浸浸，这样简单的生活。它是一种普普通通的昆虫，它是平和、温柔、和善的。而螳螂则是十足的贪食者。

白面孔的螽斯

①在我住所区域里的螽斯是白面孔的。无论在其善于歌唱，还是在其庄严的色彩上，它都可以算得上是蚱蜢类中的首领。它生有灰色的身体，一对强有力的大腮，以及宽阔的象牙色面孔。

❶ 外貌描写，介绍了螽斯的样子、特长等。

如果要想捕捉螽斯，这并不是什么难事。在夏天最炎热的时候，我们常可以见到它在长长的草间来回跳跃。特别是在岩石下面，那里生长着松树。

螽斯是善于咬的昆虫。假如有一只强壮的螽斯抓住了你的指头，那你可要当心一点儿，它会把你的指头咬出血来，让你疼痛难忍。②它那强有力的颚仿佛是凶猛的武器。当我要捕捉它时，我必须非常小心，否则随时都有被它咬伤的危险。它那两颊突出的大型肌肉，显然是用来切碎它捕捉的猎物的。

❷ 叙述，介绍了螽斯两颊突出的大型肌肉，表现了它凶猛的特性。

把白面孔的螽斯关在笼子里，我发现蝗虫、蚱蜢等任何新鲜的肉食，都符合它们的需要，特别是那种长着蓝色翅膀的蝗虫，尤其适合它的口味。

当把食物放进笼子里时，常常会引起一阵骚动，特别是在它们饿极了的时候，它们一步一步很笨拙地向前突进。③有些蝗虫立刻就被捉住，有的乱飞、乱蹦、乱跳，有的急

❸ 动作描写，通过乱飞、乱跳等动作，表现了蝗虫急于逃脱险境的情景。

得跳到笼子的顶上，逃出螽斯所能捉捕的范围之外。因为它的身体很笨重，不能爬得那么高。不过，蝗虫也只能是延长它们的生命而已，最终也无法逃脱被白面螽斯捕杀的厄运。它们或因疲倦、或因被下面的绿色食物所引诱，纷纷从上面跑下来，于是，立刻就会被螽斯所捕获，成为其口中的美食。

这种螽斯，虽然智力低下，但却会用一种科学的杀戮方法。如同我们在别的地方见到的一样，①它常常先刺猎物的颈部，然后再咬住主宰其运动的神经，使猎物立刻失去抵抗的能力。和其他肉食动物一样，如哺乳动物虎、猎豹等，它们都是先将所捕捉的猎物的喉管咬住，使其停止呼吸，丧失反抗能力，然后一点点地享用其肉体。

❶ 动作描写，通过先刺、再咬等动作，介绍了白面螽斯捕猎的过程。

因它嗜好蝗虫，而蝗虫对于未成熟的农作物是有害的种族，所以，如果这类螽斯多一些，对于农业也许有相当的益处。

白面螽斯产卵，和蝗虫并不一样，也不像蝉那样将卵产在树枝的洞穴里。

②这种螽斯将卵像植物种子一样种植在土壤里。母的白面螽斯身体的尾部有一种器官，可以帮助它在土壤里掘下一个小小的洞穴。在这个洞穴内，产下若干个卵，将洞穴四周的土弄松一些，用这种器官将土推入洞中，就像我们用手杖将土填入洞穴一样。用这样一种方法，它将这个小土井盖好，再将上面的土弄平整。

❷ 叙述，介绍了雌性白面螽斯产卵的方式与地点。

然后，它到附近散一会儿步，以作消遣和放松。用不了多长时间，它就会回到产卵的地方，靠近原来的地点，又重新开始工作，直到各种工作都完成。

我察看这种小穴，只有卵放在那里，没有小室或壳来保护它们。③通常约有六十个，颜色大部分是紫灰色的，形

❸ 叙述，介绍了白面螽斯卵的数量与颜色。

状如同棱一样。

在八月底的时候，我取来很多卵，放在一个铺有一层沙土的玻璃瓶中。瓶子里的卵，在比较干燥的状况下，度过了一年中三分之二的时间。卵像植物种子一样，它的孵化大概也需要巢，需要适合它的孵化条件，如同种子发芽时需要潮湿的土壤一样。

①我将从前取来的卵，分出一部分，放在玻璃管中，在上面薄薄地加上一层细细的潮湿的沙子。然后，把玻璃管用湿棉花塞好，以保持里面的湿度。无论谁看见我的试验，都会以为我是在试验种子的植物学家。

❶ 叙述，介绍了作者为验证白面螽斯孵化条件而做实验的过程。

我的希望可以实现了。在温暖潮湿的环境之下，卵不久就表现出要孵化的迹象，它们渐渐地、一点点地涨大，壳显然就要分裂开了。我花费了两个星期的工夫，每个小时我都很认真仔细、不知疲倦地守候着它，想看看小螽斯跑出卵时的情形，以解决遗留在我心中的疑问。

②这种螽斯，按照惯例，是埋在土下约一寸深的地方，现在，这个新生的小螽斯，夏初时在草地上跳跃，发育得完全一样，长有一对很长的触须，细得如同发丝一般；并且身后生有两条十分异常的腿——像两条跳跃用的支撑杆，对于走路是很不方便的。

❷ 外形、细节描写，介绍了小螽斯的发育情况。

我想，这个小螽斯，从沙土里钻出来的时候，一定也有又紧又窄的衣服作为保护。

我的估计没错。③白面螽斯和别的昆虫一样，的确穿有一件保护外衣。这个细小的、肉白色的小动物，已经长在一个鞘里了，六个足平置胸前，向后伸直。

❸ 外貌、细节描写，介绍了小螽斯的白色外衣以及长在鞘里的情况。

为了让出来时比较容易一些，它的大腿绑在身旁；另一半不太方便的器官——触须一动也不动地压在包袋里面。

④它的颈弯向胸部，大的黑点是它的眼睛，那毫无生气

❹ 外貌描写，介绍了小螽斯的眼睛、面孔等。

①动作、细节描写，介绍了小螽斯的筋脉以及颈部的动作等，通过微微地跳动着、时张时合、张开等动作描写，说明了筋脉的功能。

而且十分肿大的面孔，使人以为那是盔帽。颈部则因头弯曲的关系，十分开阔。①它的筋脉同时微微地跳动着，时张时合，因为有了这种突出的、可以跳动的筋脉，新生的小螽斯的头部才能自由转动。依赖颈部推动潮湿的沙土，挖掘出一个小洞穴。于是筋脉张开，成为球状，紧塞在洞里，在它的幼虫移动背，并推土时，可以有足够的力量。

如此，进一步的动作已经成功了，球泡的每一次涨起，对于小螽斯在洞中的爬动，都是很有帮助的。

看到这个柔软的小动物，身上还是没有什么颜色，移动着它那膨胀的颈部，挖掘土壁，真是可怜。

它的肌肉还没有达到强健的时候，这真无异于与硬石的斗争！不过，经过不懈的奋斗它居然获得了最终的成功。

一天早晨，这块地方，已经做成了小小的孔道，不是直的，约有一寸深，宽阔得像一根柴草。通过这样的方法，这只疲倦的昆虫终于可以到达地面了。

在还没有完全脱离土壤以前，这位奋斗者也要休息一会儿，以恢复它这次旅行后的精力。再做一次最后的拼搏，竭力膨胀头后面突出的筋脉，以突破那个保护它已经很久的鞘。小螽斯就这样将外衣抛弃了。

②外貌描写，介绍了小螽斯身体色彩的变化以及它的斑纹。

②这个幼小的螽斯还是灰色的，但是，第二天就渐渐变黑了，同发育完全的螽斯比较起来简直是黑色怪物。不过，它成熟时的象牙面孔是天生的，在大腿之下，有一条窄窄的白斑纹。

在我面前的这个小螽斯啊！你的生命实在是太凶险了。

它的身上长有一种绒毛，欲将它的身体包裹起来。如果我不去帮助它，那么，它会更加危险，因为屋子外面的泥土更加粗糙，已经被太阳晒硬了。

这个有白条纹的黑色怪物，在我给它的莴苣菜叶上咬

啦，在我给它居住的笼子里跳跃，我可以很容易地豢养（huàn　yǎng，喂养；驯养）它。

不过它已不能再提供给我更多的知识了，所以，我就恢复了它的自由，以报答它教给我的那些知识，我送给它这个房子——玻璃管，还有花园里的那些蝗虫。

阅读心得

引人注目　弱肉强食

在我面前的这个小螽斯啊！你的生命实在是太凶险了。

第十五章 黄　蜂

名师导读

黄蜂有几分聪明，也有些愚笨。在黄蜂的社会中，它们的全部生命都投入到不辞劳苦的工作之中。它们的主要职责就是，当人口不断增加的时候，就不停地扩建蜂巢，以便新的公民居住。尽管它们并没有自己的幼虫，可它们呵护巢内的幼虫，却是极其勤勉，无微不至。不过，黄蜂们的命运却是悲惨的。

黄蜂的聪明与愚笨

在九月的一天，我和小儿子保罗跑出去，想瞧一瞧黄蜂的巢。

小保罗的眼力非常好，再加上特别集中的注意力，这些都有助于我们进行观察。我们两个饶有兴趣（ráo yǒu xìng qù，指很有兴趣地看着一样物体或事物）地欣赏着小径两旁的风景。

忽然，小保罗指着不远的地方，冲着我喊了起来："看！一个黄蜂的巢，就在那边，比什么都要更清楚！"①果然，在大约二十码以外的地方，小保罗看见一种飞得非常快的东西，一个一个地从地面上跃起来，立即迅速地飞去，好像那些草丛里面隐蔽着小小的火山口，

① 动作描写，通过跃起来、飞去等动作，表现了黄蜂动作的迅猛。

将它们一个个喷出来一般。

我们得慢慢地跑近那个地点，生怕一不小心，惊动了这些凶猛的动物，引起它们对我们的注意和攻击，那样的话，后果可是不堪设想的。

在这些小动物住所的门边，有一个圆圆的裂口。口的大小约可容下人的大拇指。同居一室的黄蜂来来去去，进进出出，摩肩接踵（mó jiān jiē zhǒng，摩：摩擦；接：碰；踵：脚后跟。肩碰着肩，脚碰着脚。形容人多拥挤）地忙碌着。

突然，"噗"的一声，我不觉吃了一惊，但是马上又醒悟过来了。我忽然想起现在我们正处于一个很不安全的时刻。要是我们太靠近去观察它们的行踪，就会引起不良的后果。因为，这样会让它们感到不安，会激怒这些容易发脾气的黄蜂来袭击我们。因此，我们不敢再多观察了。再观察下去就意味着要"牺牲"更多的东西了。

我和小保罗记住了那个地点，以便日落后再来观察。到了夕阳西下的时候，这个巢里的居住者都应该从野外回家了。那时，我们就可以更好地观察了。

①当一个人决定要征服黄蜂的巢时，如果他的这一举动，没有经过谨慎而细致的准备，那么这种行动简直就是冒险。半品脱的石油，九寸长的空芦管，一块相当坚实的黏土，这些构成了我的全部武器装备。还有一点必须提到的是，以前的几次观察研究，稍稍积累了一点儿成功的经验。这所有的一切物品与经验对我而言，是最好不过了。

有一种方法对我至关重要，那就是窒息的方法。②在还没有挖出我所要的蜂巢之前，我仔细思考了两次。然后，才开始我的计划。我首先将蜂巢里的居民闷住，死了的黄蜂就不能刺人了。这是一个残忍的方法，但也是一个十分安全的方法，可以让我不至于身处危险之中。我采用的是

阅读心得

① 叙述，介绍了作者在征服黄蜂巢前所做的准备。

② 叙述，介绍了作者挖黄蜂巢的方法。

石油，因为它的刺激不会过于猛烈。

因为我要做一次观察，所以，我希望能留下一部分不死的黄蜂，否则的话老是观察死了的对象，就前功尽弃（指以前的努力全部白费）了。现在的问题是如何把石油倒进有蜂巢的穴里去。①蜂巢穴的出入孔道大约有九寸长，而且差不多和地面是平行的，一直通到地底下的窠巢。假如把石油直接倒入隧道的口里，这样少量的石油会被泥土吸收进去，而无法到达地下的窠巢。这样，到了第二天，我们就可能会遇到很大的危险。我们就会碰到一群火上浇油般的黄蜂，在我们的铁铲下回旋，从而对我们产生一定的威胁。

②早已准备好的九寸长的空芦管可以阻止这一事件的发生。把这根空芦管插进差不多九寸长的隧道里面的时候，就形成了一根自动引水管。于是，石油可以顺着导管流入土穴中，一点儿也不会漏掉，而且，速度还很快。然后，我们再用一块事先已经捏好的泥土，像瓶塞子一样，塞住出入的孔道口，断绝这些黄蜂的后路。我们所要做的工作就到此为止了，剩下的就只是等待了。

当我们准备做这项工作的时候，大约是晚上九点钟，小保罗和我一起去的。我们只带了一盏灯，还有一篮子需要用到的工具。将芦管插入土穴中是一件非常精巧的工作，需要一些技巧。因为孔道的方向是无从知晓的，需要颇费一番猜疑和试探。而且有时候，黄蜂保卫室里的门卫会突然警觉地飞出来，毫不客气地攻击正在进行这项工作而且没有防备的人的手掌。③为了防止这种措手不及的事情发生，我和小保罗中的一个人，在一旁守卫，时刻警惕着，并用手帕不停地驱赶着进攻的敌人。这样一来，即使有一个人的手不幸被攻击，隆起了一块，就算很疼痛，也是不很大的代价，尚可以忍受。

① 叙述，介绍了蜂巢出入孔道的长度、高度等。

② 动作描写，通过插进、塞住等动作，描写了利用空芦管往黄蜂巢里倒石油的情景。

③ 叙述，介绍了将芦管插入土穴时所需的一些技巧，从而保证试验能继续下去。

[1]在石油流入土穴中以后，我们便听到地下传来众蜂惊人的喧哗声。然后，很快地，我们用湿泥将孔道封闭起来，一次一次地用脚踏实，使封口坚不可摧，从而使它们无路可逃。现在，没有什么其他的事可做了。于是，我和小保罗就跑回去睡觉休息了。

第二天清晨，我们带了一把锄头和一把铁铲，重新回到了老地方。在孔道前，芦管依然还插在那边，我和小保罗挖了一条壕沟，宽度刚好能容下我们俩，行动很方便。于是，[2]我们从沟道的两边开始挖，很小心地一片一片铲去。后来，挖了差不多有二十寸深，蜂巢便暴露出来了。它吊在土穴的屋脊当中，一点儿也没有被损坏，这真让我们感到高兴。

这真是一个壮观美丽的建筑啊！[3]它大得简直像一个大南瓜。除去顶上的一部分外，各方面全都是悬空的，顶上生长有很多的根，其中，多数是茅草根，穿透了很深的“墙壁”进入墙内，和蜂巢联结在一起，非常坚固。如果那地方的土是软的，它的形状就呈圆形，各部分都会同样坚固。如果那地方的土是沙砾的，那黄蜂掘凿时就会遇到一定的阻碍，蜂巢的形状就会随之有所变化，至少不会那么整齐。

在低巢和地下室的旁边，常常留有手掌宽的一块空隙，这块面积是宽阔的街道。这些建筑者，在这里可以行动自由，继续不停地进行它们各自的工作，用它们自己的双手，使它们的窠巢更大更坚固。[4]通向外面的那条孔道，也通向这里。在蜂巢的下面，还有一块更大一些的空隙，其形状是圆的，就如同一个大圆盆，在蜂巢扩建新房时，可以增大其体积。这个空穴，还有另外一个用途，那就是作为盛废弃物品的垃圾箱。看来这里的基本建设还是较为齐全的。

这个地穴是黄蜂们用自己的双手亲自挖掘出来的。然

❶ 动作描写，介绍了在石油流入土穴后，用湿泥将孔道封闭的场景。

❷ 动作、心理描写，介绍了作者与小保罗挖蜂巢的经过以及发现完整蜂巢时的心情。

❸ 细节描写，介绍了蜂巢的外形、顶部的结构等，表现了蜂巢的壮观美丽以及坚固。

❹ 景物描写，介绍了蜂巢下空穴的形状以及用途。

而，事实上，并没有一些挖出的泥土堆积在蜂巢的大门之外。那么，黄蜂们挖出的泥土被搬运到哪里去了呢？答案是：它们已经被撒到不引人注意的广阔的野外去了。[①]有成千上万只黄蜂参与挖掘建造这个壮丽的建筑物，必要的时候，还要将它扩大。这千百万只黄蜂，飞到外面的时候，每一个身上都附带着一粒土屑，抛撒在离窠巢很远的地方。因此，挖出的泥土的痕迹一点儿也看不到了，蜂巢看上去像一片净土一样。

① 叙述，介绍了黄蜂们挖掘地穴时的场景，说明了它们工作非常认真。

黄蜂的巢是用一种薄而柔韧的材料做成的。这种材料是木头的碎粒，很像一种棕色的纸。它的上面有一条条的带，其颜色根据所用木头的不同而不同。如果蜂巢是用整张“纸”做的，就可以稍稍抵御寒冷，起到保暖的作用。但是，[②]黄蜂就像做气球的人一样，它们懂得可以利用各层外壳中所含有的空气来保持。所以，黄蜂把它们的低巢做成宽的鳞片状，一片一片松松地铺起来，显出很多的层次来。整个蜂巢形成一种粗粗的毛毯状，厚厚的，而且多孔，其内部含有大量的空气。这样一来，外壳里的温度，在天气很热时，一定是很高的。

② 细节描写，说明了黄蜂把它们的蜂巢做成宽的鳞片形状的原因。

大黄蜂——黄蜂们的领导，也一样建筑它自己的巢。[③]在杨柳的树孔中，它用木头的碎片，做成脆弱的黄色的纸板。它就利用这种材料来包裹自己的巢。一层一层相互地重叠起来，就像个凸起的大鳞片一样，可以想象这有多么保暖！这个大鳞片的中间有充分的空隙，空气停留在里边也不流动。

③ 叙述，介绍了大黄蜂做巢时所用的材料。

黄蜂碰巧将自己的房子安置在我家花园的路旁，于是，我便可以利用一个玻璃罩来做试验了。有一天晚上，天已经黑了，黄蜂也已经回家了。我弄平了泥土，用一个玻璃罩罩住黄蜂的洞口。第二天早晨，黄蜂们习惯性地开始工作。当它们发觉自己的飞行受到阻碍时，它们是否能够在玻璃罩的边沿下面挖掘出另外一条道路呢？它们是否知道只要创造一条很短的地道，便可以重获自由呢？这便是我们要试验的内容。那么，结果如何呢？

第二天早晨，我看到温暖耀眼的阳光已经落在玻璃罩上了。[1]这些工作者已经成群地由地下上来，急于要出去寻觅它们的食物。但是，它们一次又一次地撞在透明的“墙壁”上跌落下来，重新又上来。就这样，成群的黄蜂不停地尝试，丝毫不想放弃。其中有一些，疲倦了，脾气暴躁地乱走一阵，然后重新又回到住宅里去了。有一些，当太阳更加炽热的时候，代替前者来乱撞，就这样轮换着倒班。但是，最终没有一只黄蜂大智大勇，能够伸出手足，到玻璃罩四周的边沿下边挖泥土，开辟新的谋生之路。这就说明它们是不能设法逃脱的。它们的智慧是多么有限啊！

❶ 动作描写，通过撞、乱走等动作，说明了黄蜂的智慧是有限的。

阅读心得

这个时候，有少数在外面过夜的黄蜂，从原野归来了。它们围绕着玻璃罩盘旋飞舞，一直迟疑徘徊，不知如何是好。有一个带头决定往玻璃罩的下边去挖，其他的黄蜂也随着学它的样子。于是，大家齐动手，很快，一条新的通路被开辟出来了。它们跑了进去，回到了家里。于是，我用土将这条新辟之路堵住。假设从里面能够看出这条狭窄的通路，当然可以帮助罩内的黄蜂轻而易举地逃走。

然而，可爱的黄蜂们居然没有一点儿要仿效学习的企图。[2]在那个玻璃罩里，一点儿没有要挖掘地道的迹象。这些小昆虫依旧团团乱飞，毫无计划，毫无目的，它们只是盲目地乱碰乱撞，挤作一团不知究竟发生了什么。

❷ 动作描写，通过团团乱飞、盲目地乱碰乱撞等动作描写，说明了黄蜂们遇到困难时，不会从经验和实例上仿效学习的事实。

一个星期以后，很遗憾，没有一只黄蜂能够侥幸存活下来，全军覆没了。一堆死尸铺在地面上，其状况尤其惨烈。从原野返回的黄蜂们可以另辟新路，毫不费力地回到自己的家中。其原因是，从外面可以嗅到它们家的味道，

阅读心得

并去寻找它，这是黄蜂自然本能的一种表现。

但是，对于那些被罩在玻璃罩里的黄蜂，就没有这种本能来逃离险境了。因为它们的目的是明确的，它们就是想到野外去觅食。它们走投无路，别无选择，只能盲目地固守着它们生来就惯有的习性，从而生的希望越来越小，而逐渐将自己推向无奈的死亡。

黄蜂的生活习性

假如我们掀开蜂巢的厚包，便可以看到里面隐藏着许多的蜂房，那好几层的小房间上下排列着，中间用稳固坚实的柱子紧密连在一起，层数是不一定的。在一定季节的后期，大概是十层，或者是更多一些。各个小房间的口都是向下的。在这个看起来很奇怪的小世界里，幼蜂无论是睡眠还是饮食，都是脑袋朝着下边，即倒挂着的。

①这一层一层的蜂房，有广大的空间把它们分隔开。在外壳与蜂房之间，有一条路与各个部分相通。经常有许多的守护者进进出出，负责照顾蜂巢中的幼虫。在外壳的一边，矗立着丰富多彩的都市大门，一个没有经过什么过多装饰的裂口，隐藏在被包着的薄鳞片中。直对着这个大门的，就是那从地穴深处直通到外面大千世界的隧道进出口。

① 细节描写，介绍了黄蜂蜂房的大门，以及守护者的责任等。

在黄蜂的社会中，它们的主要职责就是，当人口不断增加的时候，就不停地扩建蜂巢，以便新的公民居住。尽管它们并没有自己的幼虫，可它们呵护巢内的幼虫，却是极其勤勉，无微不至的。

为了能观察到它们的工作状况，以及快到冬天的时候会有什么事情发生，我在十月里，把少许蜂巢的小片放在盖子下面。

①为了便于进行观察，我将蜂房分隔开来，让小房间的口朝上，然后并排着放。这样颠倒地排列，看起来似乎并没有使我的这些囚徒烦恼，它们很快就适应过来，恢复了原来的空间状态，开始忙碌而辛勤地工作，似乎什么事情都没发生过一样。

事实上，它们需要再建筑一点儿东西。所以，我便选择了一块软木头送给它们，并且用蜂蜜来喂养它们，满足它们的需要。我用一个铁丝盖着的大泥锅来代替隐藏蜂巢的土穴，再盖上一个可以移动的纸板做的圆顶，使得内部相当黑暗。当然，当我需要亮一些时就把它移开。

黄蜂继续进行它们的日常工作，就好像从来没有受到过任何打扰一样。②工蜂们一面照料着蜂巢中的蜂宝宝，与此同时，又要照顾好它们自己的房子。它们一起努力加油，开始慢慢地筑起一道新的铜墙铁壁。这墙壁围绕着它们的蜂房。

但是，这些工蜂并不是简单地修修补补，它们从被我破坏的地方开始工作，很快就筑成了一个弧形的鳞片似的房顶，然后，用它遮盖住大约三分之一的蜂房。如果这个小蜂巢不曾遭到我的破坏，那么，这些工蜂搭建起的这个屋顶足可以连接到外壳。它们亲手做成的一个房顶，还不够大，只能遮盖住整个小房间的一部分而已。

③至于我事先为它们精心准备好的那块软木头，它们根本不予理睬，甚至连碰都不曾碰一下，仿佛它根本不存在一样。或许这种“新型”的材料，对于黄蜂而言，用起来很不方便。它们宁愿放弃，而继续选用那已经废弃不用了的旧巢，这样更加方便，而且更加得心应手一些。因为在这些旧的小巢内，不必辛辛苦苦地重新制作纤维，也不用浪费很多唾液。利用旧巢它们只需相当少的唾液，再用它

① 叙述，介绍了作者将蜂房分开后，囚徒黄蜂的一些表现，它在被干扰的情形下坚持工作，说明了它是一种勤勉的昆虫。

② 叙述，介绍了工蜂一边照顾孩子，一边照顾房子的生活状态，说明工蜂是极负责任的家庭成员。

③ 叙述，介绍了工蜂们搭建屋顶时所选择的材料。

阅读心得

们的大腮仔细咀嚼几下，然后便形成了质地上等的糨糊，这是相当好的建筑材料。

下一步，它们一起把不居住的小房间统统毁得粉碎。然后，利用这些碎物，做成一种似帐篷一样的东西。如果有必要的话，它们也会再次利用同样的方法，筑造出新的小房间，以便居住、活动之用。

与它们齐心协力筑造屋顶的工作相比较，更加有趣的要算喂养幼虫了。刚才还是一个粗暴刚强的战士，这会儿就摇身一变，成了温柔、体贴的“小保姆”。一下子，充满了战斗气息的军营一样的窠巢，立刻变成了温馨的育婴室。真是妙趣横生啊！

喂养可爱、柔弱的小宝宝，可是需要相当的耐心与细致的。假如我们将注意力集中到一个正在忙碌工作的黄蜂身上，我们就可以清楚地观察到，[1]在它的嗉囊里，充满了蜜汁。它停在一个小房间前面，它的样子特别有意思，把小小的头慢慢地伸到洞口里，然后再用它触须的尖儿去轻轻地碰一碰里面的小幼虫。那个小宝宝慢慢地清醒过来，似乎看到了黄蜂递进来的触须，于是向它微微地张开小嘴。它的样子，特别像一只刚刚出壳不久、羽毛尚未丰满的小鸟，正在向着辛辛苦苦为它觅食而归的妈妈伸出小嘴，急切地索要食品一般，让人不禁感到温馨。

①动作描写，描写黄蜂喂养幼虫时的情景，体现了黄蜂对幼虫的呵护之情。

不一会儿，这个刚刚从梦中苏醒过来的小宝宝，将它的小脑袋摇来摆去的，渴望着能够马上探索到它急切需要得到的食物，这可是它的本能天性。然而，它又是盲目地探寻着，一次次试探着外面的黄蜂为它们提供的食物。可以想象小宝宝的急切心情，终于两张小嘴接触到了，一滴浆汁从“小保姆”的嘴里流出来，流进那个被看护者的小嘴里。仅仅这一点点就足够小宝宝享用了。

小宝宝们通过口对口地交接食物后，享受到大部分的蜜汁。但是，进食并没有完全结束，它们还没有享用完呢！①在喂食的时候，幼虫的胸部会暂时膨胀起来，其作用就如同一块围嘴或餐巾纸一样，从嘴里流出来的东西全都滴落在上面。这样等“保姆”走后，②小宝宝们就会在它们自己的颈根上舐来舐去，吮吸着滴在胸部的蜜汁，尽情地享用着美味的食物，不浪费一点儿。大部分的蜜汁咽下之后，幼虫胸部的鼓胀便会自然而然地消失了。然后，幼虫会稍微往蜂巢里缩进去一点，继续回到它甜蜜的梦乡。

❶ 动作描写，介绍了喂食时幼虫的动作。

❷ 动作描写，介绍了喂食后，幼虫尽情享用美味时的动作。

如果是在野外，置身于大自然中，每当一年快要结束时，也是果品数量非常少的时候，大多数的工蜂会挑选其他的食物来继续喂养小幼虫。在我为它们制作的笼子中，我只为它们提供充足的有营养的蜜汁。

阅读心得

吃了这些蜜汁以后，所有的看护者和被看护者似乎都变得精力旺盛起来。一旦有什么不速之客突然闯进蜂房里进行袭击，那么，它们将很不幸地立刻被处以死刑。显然，黄蜂是一种不好客的生物，从不厚待宾客，更不允许其他动物随意侵扰自己的家园。

假如闯入境内的不速之客是个相当有杀伤力，而且凶猛无比的家伙，当它受到群攻而牺牲后，其尸首便会马上被众蜂拖到蜂巢以外，抛弃在下面的垃圾堆里。但是黄蜂似乎不会轻易地动用它那有毒的短剑来攻击其他动物，这已经算是手下留情了。

如果我把一个锯蝇的幼虫抛到黄蜂群里，对于这条绿黑色的小龙一样的侵入者，黄蜂们表示出很大的兴趣，它们一定感到很奇怪。③接下来，它们便向幼虫发起进攻，把它弄伤，但是并不利用它们带毒的针去刺伤它。然后众蜂齐力把它拖出巢去。与此同时，这条“小龙”也不服输，

❸ 动作描写、细节描写，介绍了黄蜂们驱赶“小龙”的情形，通过拖、拉等动作，表现了黄蜂的强大有力。

阅读心得

不断进行抵抗，用它的钩子钩住蜂房，有时利用它的前足，有时也利用它的后足。然而，这条可怜的“小龙”还是因为伤势太重，而且它还很软弱，最终被有力的黄蜂拉了出来。这条“小龙”很惨，小小的身体上充满了血迹，被一直拖到垃圾堆上去。黄蜂们驱赶这样一条并无什么力气的可怜虫并不轻松，耗费了足有两个小时的时间呢！

如果，我放的不是一个弱小的幼虫，而是一种相对比较魁伟的幼虫在蜂巢里面，结果就不同了。那样立刻会有五六只黄蜂拥上来，纷纷用有毒的针去刺它的身体。不大一会儿，这只强壮有力的幼虫也难逃厄运，一命呜呼了。

黄蜂们悲惨的结局

有了如此凶猛而又残酷的方法抵御外来入侵者，还有如此巧妙而又温柔的喂食方法，我笼子里的小幼虫们一天天茁壮成长着，黄蜂的家族日益兴旺起来。不过，当然也存在例外的现象。黄蜂的窠巢里，也有一些非常柔弱、不走运的小幼虫，它们还未经历世间的风雨，还未沐浴阳光的温暖，便早早地夭折了。

我通过观察，发现那些柔弱的病者，目睹它们不能继续享用蜜汁，不能进食，渐渐地一点点憔悴下去，衰弱下去。[1]那些“小保姆”早已比我更清楚地知晓了结果。它们十分无奈地把头轻轻弯下，朝着那些可怜的患病者，用触须很小心地去试一下，最后得出结论，这些病者的确是不可医治，无法挽救了。于是，这个弱小的患者慢慢地走向生命的尽头，最终，被毫不怜惜地从小房间里拖到蜂巢外面去。在充满野蛮气息的黄蜂的社会里，久病者不过是一

①动作描写，描写了黄蜂保姆对待患病者的态度。

块没有用处的垃圾而已，越早拖出去越好，否则的话，就有蔓延传染的可能。

十一月份，非常寒冷的夜里，蜂巢内部起了变化，大搞基础建设的热情逐渐衰退了。到储蜜的地方，从事储蜜工作的黄蜂不再频繁地到那里去了。整个家庭，所有黄蜂全都逐渐地放任自流了。[①]幼虫由于饥饿而大张着它们的小嘴，然而，等到的只不过是非常迟缓的救济品，或者干脆没有“小保姆”愿意光临这里来给它们喂食。深深的惆怅牢牢占据了那些“小保姆”的心灵，它们从前的那份工作热情也不见了，最终竟转化为厌恶。它们知道，再过不久的时间，一切就将变成不可能了。于是，饥饿的时候来临了。厄运降临到小幼虫的头上，它们悲惨而孤独地死去。从前那些温柔体贴的“小保姆”转而成为凶残的刽子手（guì zi shǒu，执行死刑的人。泛指以各种方式杀人的凶手）了。

[②]那些“小保姆”会对自己说：“我们没有必要留下许许多多的孤儿。等我们离开以后，谁来照顾这些可怜的后代呢？没有。既然是这样的结果，那还不如让我们亲手把这些卵和小幼虫统统杀死。这样一个十分残暴的结果，总比那种慢慢被饥饿煎熬而死要强得多，长痛不如短痛！”

接下来的一幕，便是一场凶残的大屠杀行动。[③]黄蜂们残忍地咬住小幼虫颈项的后面，粗暴地把它们一个个从小房间里拖出来，拉到蜂巢的外面去，抛到外面土穴底下的垃圾堆里，其情景真是惨不忍睹！

那些“小保姆”，也就是工蜂，在把幼虫从小房间中强行拖拉出来时，那种情形之残酷，就好像这些幼虫都是已经死掉了的尸体。[④]它们野蛮地拖着小幼虫，并且还要将它们的尸体扯碎。至于那些卵，则会被工蜂们撕开，最后吃掉。

在此之后，这些“小保姆”，即刽子手，毫无生气地保

① 心理描写，介绍了“小保姆”懒于在寒冷的夜里给幼虫喂食以及它们对喂食工作的厌恶之情。

② 心理描写，说明了“小保姆”间接杀幼虫的原因，为下面的大屠杀行动做了铺垫。

③ 动作描写，通过咬、拖等动作，表现了黄蜂对后代的无情。

④ 动作描写，通过扯碎、撕开等动作，表现了黄蜂大屠杀行动的凶残。

留着自己的生命。一天天过去了，我带着无比的惊奇，注视着这些昆虫最终的结局。①非常出乎我的意料，这些工蜂忽然间都死掉了。它们跑到上面，跌倒下来，仰卧着，从此再也没有爬起来，就如同触电了一般。它们也有自己的生命周期。它们被时间这个无情无义的毒品毒死了。就算是一只钟表内的机器，当它的发条被放开到最后一圈时，也是如此的。

① 神态描写，介绍了黄蜂死时的状态。

工蜂老了！然而，母蜂是蜂巢中最迟出生的，它们既年轻，又强壮。所以，当严冬降临，威胁到它们时，它们仍有能力来抵挡一阵。②至于那些已经临近末日的，很容易就能从它们的外表病态上分辨出来。在它们的背上，是有黏土附着的。在它们尚健壮、还年轻的时候，它们一旦发现有尘土附着在身上，就会不停地拂拭，把它们黑色、黄色的外衣清洁得十分光亮。然而，当它们有病时，也就无心注意清洁了。因为已经无暇顾及了。它们或是停留在阳光底下一动也不动，或是很迟缓地踱来踱去。它们已经不再拂拭它们的衣裳了，因为这已不重要了，也没有任何意义。

② 外貌、细节描写，描写了黄蜂生病时的状态，背上有尘土，说明它是生病的，因为当它有病时，它就不再在意，也没能力顾及自己的形象了。

这种对装束的不在意，就是一种不祥的征兆。③过两三天以后，这个身上带有尘土的动物，便最后一次离开自己的巢穴。它跑出来，打算再最后享受一下日光的温暖。忽然，它跌倒在地上，一动也不动，再也不能够重新爬起来了。它尽量避免死在它所热爱和生存的巢里。这是因为，在黄蜂中，有一种不成文的“法律”规定，那就是巢里是要绝对保持干净整洁的。④这个生命即将结束的黄蜂，要自行解决它自己的葬礼。它把自己跌落在土穴下面的坑里。由于要保持清洁卫生，这些苦行主义者，不愿意自己死在蜂房里。至于那些剩余下来，还没有死去的黄蜂，它们仍然要保留这种习惯。这形成了一种不曾被摒弃的法律条文。

③ 动作描写，介绍了生病的黄蜂临死前的状况，即使死也要享受阳光，表明了它对生命的热爱与留恋之情。

④ 叙述，说明了黄蜂尽量避免死在巢里的原因。

无论在黄蜂的世界里，人口是如何增加或是减少的，这一传统总是要保持遵守的。

我的笼子里，一天天地空起来了。到了圣诞节的时候，仅仅剩下了约一打的雌蜂。到第二年的一月六日，连最后剩余下来的黄蜂也全都死掉了。

那么，这种死亡是从哪里来的呢？我们不应该归罪于囚禁，即便是在野外，也会发生同样的事情。在十二月末的时候，我曾到野外去观察过很多的蜂巢，都曾发生过同样的情况。大多数的黄蜂，必须要死亡，这并不是因为碰到了什么意外情况，也不是因为疾病的干扰，或是某种气候的摧残影响，而是由于一种不可逃脱的命运，这种命运摧残着它们，这和鼓舞着它们生活下去的力量是一样有力的。

到了后期，蜂巢自己会毁灭的。①一种将来会变成形状平庸的蛾子的毛虫，一种赤色的小甲虫，还有一种身着鳞状金丝绒外衣的小幼虫，它们都是有可能攻击毁灭蜂巢的小动物。它们会利用锋利的牙齿，咬碎一层层小巢的地板，使得整个蜂巢内的所有住房全部崩塌。最后，剩下来的只有几把尘土和几片棕色的纸片。到了第二年春天来临的时候，黄蜂们便又可以废物利用，白手起家，发挥大自然赋予它们的在建筑房屋方面高度的灵性和悟性，建造起属于它们自己的新家园。其中居住着约三万居民——一个庞大的家族。它们将一切从零开始。它们将继续繁衍后代，喂养小宝宝，继续抵御外来的侵略，与大自然抗争，为自己的安全而战斗，为蜂巢内部生活的快乐而贡献自己的力量。生命不息，奋斗不止！

阅读心得

① 叙述，介绍了最后蜂巢崩塌的情况与原因。

美词佳句

饶有兴趣　摩肩接踵

到了第二年春天来临的时候，黄蜂们便又可以废物利用，白手起家，发挥大自然赋予它们的在建筑房屋方面高度的灵性和悟性，建造起属于它们自己的新家园。

第十六章　幼虫的冒险

名师导读

蜂螨具备动物所有的消化器官，但其生命短暂，即便是在发育完整的时期内，也不过只有一两天的寿命而已。它们爬进掘地蜂的绒毛里面，抓得十分紧，这样做是在借助掘地蜂强壮的身体，将它们带到那些储备丰富的蜜巢里去。

蜂　螨

卡本托拉斯乡下沙土地的高堤一带，是黄蜂和蜜蜂最喜欢光临的地方。它们为什么会如此喜欢这个地方呢？究其原因，主要是因为这一地区的阳光非常充足，而且这一带还非常容易开凿，很适合黄蜂和蜜蜂在这里安居乐业。

在五月份的天气，主要有两种蜂特别多。它们都是泥水匠蜂，是地下的一个个小屋的建造者。其中的一种蜂，它们在自己的住宅门口，建筑起一道自认为固若金汤（gù ruò jīn tāng，形容工事无比坚固）的防御用的壁垒——一个土筒。[①]土筒的里面留有空白，而且整个筒呈弧形。筒的长和宽就像人的一个手指头一样。有时候，会有很多蜂飞到这一带来定居，当它们发现了这个手指状的土筒后，谁都会感到奇怪，不知道这是什么东西。

阅读心得

① 细节描写，介绍了土筒的形状以及长、宽等。

还有另外一种蜂，就是我们大家经常能见到的，它们的名字叫作掘地蜂。它们走廊的外口没有什么手指形的防御壁垒，而是直接暴露在外。[①]旧墙的石头之间的缝隙中，废弃的房舍，或者是沙石上显露的表面，这些地方都非常适合掘地蜂安家。但是，最理想、最适宜的地方，要算是那些地面上凸起的、朝着南方的直路。因为我经常可以看到它们开凿的处所。

[②]这里的面积好大，而且墙上常常有很多很多的小孔，以至于这块地看起来呈海绵状。这些小小的洞孔，大概是用锥子戳出来的，因为它们是那么的整齐，每一个孔穴都与盘曲的走廊相通相连，有四五寸深。蜂巢是在这底下的。如果我们打算观察一下这种蜂的工作情况，那么，我们一定要在五月的下旬到它们的工作场地上来看看，但是千万要注意，必须保持一定的距离，这主要是出于安全考虑。于是，我们会发现[③]它们一群一群地汇合在一起，喧哗着，并且众蜂齐努力，以一种让人惊讶的毅力，从事着关于食物和蜂巢的各项工作。

但是，我来到这个被掘地蜂占领了的地方，次数最多的要算是八九月间了，这个时候正好是快乐、自由的夏天休假的时期。[④]在这样的季节里，靠近掘地蜂窠巢的地方，显得非常宁静。一切的工作都早已进行完毕。在缝隙之中，有很多的蜘蛛拥挤地待在那里面，或者有丝管子伸入蜂的走廊里。从前住满了蜂，到处都熙熙攘攘、热热闹闹的，现在仿佛变成了凄惨、悲凉的废墟一般。这其中的缘由，我们谁也无从知晓。距离大地表面约有数寸深的下面，有成千的幼虫被封闭在土室之中。它们全都静静地等候着春天的来临。

有两个事实，引起了我的留心。[⑤]有一些非常丑陋的苍蝇，它们身上的颜色是半黑半白的，这些苍蝇慢慢地从一

① 叙述，介绍了掘地蜂适合生存的环境。

② 环境描写，介绍了掘地蜂蜂巢上洞孔的面积、形状与深度。

③ 神态描写，介绍了掘地蜂一起工作的情景。

④ 环境描写，介绍了八九月间掘地蜂窠巢的景象。

⑤ 动作、细节描写，介绍了苍蝇的外形以及飞来飞去的目的。

个洞穴飞到另外一个洞穴里。它们这样飞来飞去的目的是要表明它们在那些地方产卵。其中，有一些卵是挂在网上的，都早已干枯而死了。而在其他的地方，比如，在堤上的蜘蛛网上，也挂了许多某种甲虫——蜂蝻的尸体。在这些尸体中，有雌的也有雄的。不过，仍然有少数是有生命的。雌性的甲虫，一定是伸入了蜂的住宅里面，而且，毫无疑问，它们一定是在蜂的窠巢中产下自己的卵。

阅读心得

如果我们慢慢地，稍稍掘开堤的表面，我们就会惊奇地发现更多有趣的东西。在八月初的时候，我们看到的是：顶上有一层的小房间，它们的样子和底下的蜂巢相比，大不一样。之所以有这种区别，主要是因为这是由两种不一样的蜂建造而成的。其中一种是已经在前面提到过的掘地蜂，而另外一种，有一个很动听的名字，叫竹蜂。

掘地蜂组成了一支先锋队。挖掘地道的工作完全由它们承包下来。它们懂得，必须选择适宜的地方来建造自己的住所。今后，无论是因为什么事情离开它们辛苦建筑起来的小房间，那么，竹蜂就会紧随它们之后跑进来，占据这难得的宝地。[①]竹蜂就利用很粗糙的土壁，把走廊分割成许多大小不等的、毫无艺术特色的小房间。这便是它们所能设计出的唯一的建筑构思了。由此可见，它们是多么投机取巧，而且还很缺少艺术灵感。

① 叙述，介绍了竹蜂在占据掘地蜂的家园后，进行改造的场景。

掘地蜂建造的窠巢，却做得非常整洁，而且还进行了非常精心别致的装修。所以，我们可以认为它们从事的工作是颇具艺术性的，它们自身具有高超的艺术创造才能。它们很会利用适当的土壤，把窠巢构造得连任何一个普通的敌人都无法轻易地入侵。也正是因为这个原因，这种蜂的幼虫是不会做茧的。它们只是“赤身裸体”地躺在温暖的小房间中享福。

然而，竹蜂的小房间里却不一样。那里需要一定的东西来加以保护。原因就在于，[①]竹蜂的窠巢是建筑在土壤表面上的，做得非常草率肤浅，而且只有相当薄的墙壁做堡垒。因此，和掘地蜂的幼虫不同，竹蜂的幼虫是包在非常坚固的、厚厚的茧里的。这样，一方面，厚厚的茧可以保护幼虫不至于和墙壁相碰撞而受到伤害；另一方面，也可以使得小幼虫能躲过闯进来的仇敌的爪牙。

① 叙述，介绍了竹蜂的巢所建的位置，突出与掘地蜂巢的区别。

在这样的堤上，居住着两种不同的蜂。我们很容易就可以分辨出哪一种蜂巢属于哪一种蜂。很显然，在掘地蜂的窠巢里，隐藏着“一丝不挂”的赤裸小幼虫；而在竹蜂的窠巢中，则有用坚实的茧包裹着的小幼虫。

[②]同时，这两种不同的蜂，都各自有它们特殊的寄生者或是不速之客。竹蜂的寄生者，是那种身上黑白相间的蝇。总是能够在蜂巢隧道的门口发现这种蝇。它们闯进窠巢中，然后产下一些自己的卵。掘地蜂的寄生者是蜂螨。我们经常可以在堤面上发现很多这种甲虫的尸首。

② 叙述，介绍了竹蜂的寄生者与掘地蜂的寄生者。

如果我把竹蜂的小房间拿开，便可以观察到掘地蜂的家了。[③]在一些小房间中居住着正在成长之中的昆虫。还有一部分小房间中，住满了掘地蜂的幼虫。也有一些小房间中藏着一个蛋形的壳。这种壳分成了好几节，上面还有突出来的呼吸孔。这种壳特别薄，而且还很脆，非常易碎。它的颜色是琥珀色的，非常透明。因此，从外边看，可以很清楚地看到，里面有一个已经发育完全的蜂螨在挣扎着，好像极其渴望自由，希望能早日从里面解放出来。

③ 细节描写，通过作者观察的情况，说明了掘地蜂幼虫的生存环境、外形以及对外面世界的向往之情。

那么，这个很奇特的壳到底是个什么东西呢？看起来，它并不太像某一种甲虫的壳。这个寄生者，是怎样来到这个蜂巢里面的呢？

经过三年周密而细致的观察，我终于寻找到了这些问题的答案。于是，在我记录昆虫的生活史上，又增加了最为奇怪有趣的一页。

蜂螨，即便是在它发育完整的时期内，也不过只有一两天的寿命而已，它的全部生命，是在掘地蜂的门口度过的。而这短暂的生命，除去要繁殖子孙后代以外，其余的什么也没有了。

蜂螨也具备动物所有的消化器官，对于雌甲虫而言，它唯一的愿望，便是要产下小宝宝。等这件大事做完以后，它便寿终正寝，放心地离开这个世界了。那么，雄性又怎么样呢？它们在这种土穴上伏上一两天之后，也同样命归九泉了。

人们都会以为这种甲虫在产卵的时候，一定要一个小房间一个小房间地全都跑遍，在每一个蜂的幼虫身上都产下一个卵。可是，事实并非如此，在我观察的过程中，我曾经在蜂的隧道里面仔仔细细地搜寻过，最后发现，蜂螨只将所有的卵产在蜂巢的门口，积累成一堆，距离门口差不多有一到两寸远的地方。[1]这些卵全部都是白颜色的，其形状呈蛋形。它们的体积都很小，互相之间轻轻地粘连在一起。至于它们到底有多少，暂时算它们有两千多个吧，我觉得这个数目还不算是过高的估计。

❶ 细节描写，介绍了蜂螨卵的形状、体积等。

我把若干的卵放在一个盒子里面。大约到了九月，它们还没有孵化出来的时候，我想象着，它们会立刻就跑开去，到处寻找掘地蜂的小房间。然而，事实告诉我，我完全估计错了。[2]这一群幼小的幼虫——小小的黑色动物，还不到一寸的二十五分之一长——虽然它们拥有健壮的腿，但竟然利用不上。它们并不跑散开，而是非常混乱地相处在一起，和脱下来的卵壳混杂在一起生活。于是，我在它们面前故意悄悄地放了一块带有蜂巢的土块，想看看它们会采取怎样的行动，可是结果却无济于事，一点儿也不能

❷ 叙述，介绍了蜂螨幼虫的色泽、长度，混居的状况以及被强行分开后的表现。

阅读心得

诱惑这些小动物移动一丝一毫。要是我采取行动，强行把其中的几个挪开，它们便会立即又跑回去，继续躲在其他的同伴里面，和它们混居生活在一起。

最后，在冬天的时候，我跑到了卡本托拉斯的野外，到那里去观察掘地蜂居住的地方。我看到那些在野外的蜂螨的幼虫也同样是累积成一堆，并且也是和它们的卵壳混住在一起的。到现在为止，我还不能回答这样的疑问：蜂螨究竟是怎么进到蜂的小房间里面来的呢？还有它们又是怎样走进另一种并不属于自己的壳里去的呢？

第一次冒险

观察过幼小的蜂螨的外表以后，我便立刻就能感觉到，它们的生活习性一定是非常特殊的，也一定挺有意思的。

经过仔细的观察，我发现很难使蜂螨在一般的平面上轻轻移动一下。在蜂螨的幼虫所居住的地方，很显然，它们要冒着跌落下去的危险。怎样才能防备这种危险的发生呢？这个问题对于蜂螨幼虫而言，是轻而易举就能解决的。[1]因为它们天生就长着一对非常强有力的大腮，弯曲而且尖利；它们还生有强壮的腿，以及能够活动的爪；还生长有很多的硬毛和尖尖的针；并且它们生来就有一对坚硬的长钉，有着锋利而且非常坚硬的尖儿，其形状和样子都很像一种犁头，它可以牢牢地刺入任何光滑的土里。还不止这些！除了上面提到的这些器官以外，它还可以吐出一种黏性很强的液汁，即便没有其他任何东西存在，单单是这种液汁，也是可以把它紧紧地粘住，不至于滑落下去。

① 叙述，介绍了蜂螨幼虫的腮与腿等器官，从而说明了它的自我保护能力是很强的。

我曾经绞尽脑汁，冥思苦想着一个问题，究竟是什么原因，使得这些幼虫决定要居住在这里呢？可是，我怎么也想不出答案来。于是，我便非常急切地等待着气候尽快转暖，以便能找到答案。

[①]到了四月底的时候，被我禁闭在牢笼中的幼虫，以前一直是躺着不动的，躲避在像海绵一样的卵壳堆里睡觉。现在则不同了，它们忽然活动起来了。开始时，它们在度过严冬的盒子里，到处爬着。它们急匆匆的动作，以及那不知疲倦的精气神儿，都表明它们似乎正在寻觅一些东西，一些它们急切需要的东西。看起来，这些东西自然是它们的食物了。这些蜂螨的幼虫是在九月底进行孵化的，一直到现在，四月底。虽然它们总是处在麻木不仁的状态中，但是差不多足足有七个月的时间，没有获取一点儿有营养的东西来强壮身体。从孵化的时候开始，这些小动物虽然是具有生命的“精灵”，但是它们就像是被判了七个月的徒刑一样，什么事情也不能做，只能保持着一种姿势。

与此同时，当我看到它们一个个如此兴奋、充满激情的时候，我便自然而然地猜想到，驱使这些有生命的小动物如此忙忙碌碌地工作的原因，一定是饥饿，也只有饥饿才能让它们这么不辞辛苦。

这些匆忙寻找食物的小动物，它们真正需要的食物不过是蜂巢中的储藏品罢了。为什么这样说呢？因为到了后期的时候，我们是在这些蜂巢中找到那些蜂螨的。现在，这些储藏品不仅限于蜂的幼虫食用，也供蜂螨们分享了。

我所提供给它们的，是里面藏着幼虫的蜂巢。我甚至把蜂螨直接放到蜂巢里去。总之，我利用各种东西，采用各种方法，希望能引起它们的食欲。但事实上，我的努力仍然是一点儿结果也没有。于是，我用了另一种方法，利用蜂蜜进行试探。

① 动作描写，通过忽然活动起来、到处爬着等动作，表现幼虫的变化，说明它特别想吃东西了。

阅读心得

在找到了我所希望的蜂巢以后，我把幼虫拿了出去，然后，再把蜂螨的幼虫放到蜂巢中储备的蜂蜜里。幼虫们根本就不去饮食那些蜜汁，更糟糕的是，它们反而被这种黏性的东西粘住了，以至于被闷死了！

不过，最终还是让我发现了它们真正需要的东西。原来，它们并不需要什么特殊的东西。它们是要掘地蜂亲自把它们带到蜂巢里边去。

①我在前面已经提到过，当四月来临的时候，在蜂巢的门内居住的一堆幼虫，已经开始表现出一点儿活动的迹象了，它们蠢蠢欲动。仅仅几天以后，它们便已经不在那个地方了，真是非常怪异的小动物。它们牢牢地、死不放手地攀附在掘地蜂的毛上，于是，便被带到了野外去，甚至已经被带到很遥远的地方了。

① 神态描写，介绍了四月份时，幼虫活动的迹象以及它们被带到远处时的状态。

当掘地蜂经过蜂巢门口的时候，无论它是要出远门，还是刚从远游中归来，那些睡在门口已经等待许久的蜂螨幼虫，便会立刻爬到掘地蜂的身上去。它们爬进掘地蜂的绒毛里面，抓得十分紧，无论这只掘地蜂要飞到多么遥远的地方，它们一点儿也不担心自己有跌落的危险。

当一个人第一次发现这种情形的时候，他一定会以为这种喜欢冒险的小幼虫，可能要在掘地蜂的身上先寻觅到一些食物。但是，事实并非如此。②它们总是要固着在掘地蜂身上，并且是最硬的那部分，一般是在靠近翅膀下面的部位，有时也附着在头上。它们攀住一根毛以后，纹丝不动。这些小甲虫之所以如此附着在掘地蜂的身体上，它们的目的仅仅是让掘地蜂把它们带到蜂巢里去。

② 叙述，介绍了蜂螨的幼虫固着在掘地蜂身上的位置。

不过，③在飞行的时候，这位寄生者必须要紧紧抓牢主人的毛才行。无论掘地蜂是在花叶中穿梭飞行时如何急速，还是在向窠巢里飞的时候如何摩擦，甚至在它用足清洁身体

③ 动作描写，介绍了蜂螨的幼虫在掘地蜂身上保持的姿势。

的时候，小幼虫都必须抓得很紧才行，这样才能确保安全。

究竟是什么东西，可以使蜂螨的幼虫依附在掘地蜂的身上呢？现在已经知道答案了，那便是生长在掘地蜂身上的绒毛。

①现在，我们可以知道长在蜂螨身上的那两根大钉有什么用途了。它们合拢起来，便可以紧紧握住掘地蜂身上的毛，比起那些最精密的人工钳子来，还要精密得多。

① 叙述，介绍了蜂螨身上两根大钉的作用。

同时，我们也可以知道那些黏液的价值了。它能帮助这个小动物更加牢固地附在掘地蜂的身上，而且我们也可以了解幼虫足上长着的尖针和硬毛的作用了，它们都是用来插入掘地蜂的软毛里，使它的地位更加稳固的。

当这个柔弱的小动物，在它冒着危险去周游大千世界的时候，竟然能够利用如此多的器具，防止从掘地蜂身上跌落下来，是多么的奇妙啊！

第二次冒险

五月二十一日这一天，我到卡本托拉斯去，想看一看蜂螨进入蜂巢时的门路。

这件工作很不容易，需要用尽全力去做。②在野外广大的地面上，有一群蜂，像是受了日光的刺激似的，正在那边疯狂乱舞着。就在我用缭乱的眼光观察它们的动作时，忽然在狂乱的蜂群中间响起了一种单调而可怕的喧哗声。然后，它们就像闪电一样迅猛地飞身而起，到处去寻找食物。与此同时，另外一群蜂正飞回来。它们身上或是携带着已经采好了的蜜汁，或者是带回了用来建造蜂巢的泥土。

② 动作描写，通过掘地蜂飞身而去时的动作，说明了它寻找食物时的迅猛等。

在那个时候，我已经具备了一些关于这类昆虫的知识，了解了一些有关它们的习性。我以为，无论是谁有意无意地闯入它们的群里，或者只是轻轻地碰一碰它们的住宅，那么马上就会遭到成千锥子的狂刺而身亡。有一次，我去观察大黄蜂的蜂房，由于距离太近，立刻就起了一阵恐惧的颤抖，那种感觉真是一辈子也忘不了！

然而，不管如何困难，要想知道我所渴望知道的事情，[1]我就必须进入这种可怕的蜂群里，而且必须站在那里几个钟头，必要的时候，甚至是一整天的时间都有可能。我必须目不转睛地盯着它们的工作，把放大镜拿在手里，站在它们当中一动也不动，观察着蜂巢里即将发生的事情。与此同时，面罩、手套以及其他各类遮盖保护的东西全都不能使用，原因是我的手和眼睛一定不要受任何妨碍。其余的一切都不管了，哪怕是我离开蜂巢时，脸上被刺得都快让人认不出来了，也不能戴各种遮盖的东西。

[1] 神态、动作描写，介绍了作者在观察时所面临的困境与危险。

那天，我决定要解决困扰了我很长时间的问题了。

我用网捉住了几只掘地蜂，这让我感到十分满意。因为这几只蜂的身上都栖息着蜂螨的幼虫，这也正是我一直所希望的那样。

我先把衣服扣紧，然后，突入这群蜂的中心。我拿锄头锄了几下，然后取下一块泥。令我感到非常诧异的是，我居然一点儿也没有受到攻击和伤害。

在我第二次开始的时候，花的时间比第一次还要长一些，但是，仍然是同样的结果。我并没有受一点儿伤，也没有一只蜂利用它的尖针来刺击。这以后，我也就没什么可担心害怕的了。[2]于是，我就大胆地长时间地停留在蜂巢前面，揭起土块，拿出里面的蜂蜜，赶走其中的蜂。在这一过程中，始终没有引起更可怕的事情发生。为什么呢？这主要是因为掘地蜂是一种比较爱好和平的动物。即便是

[2] 动作描写，介绍了作者取蜂蜜的过程，为下面介绍掘地蜂平和的品性作铺垫。

有时候受了一点儿伤，也不会使用它们的尖针，只有当它们被捉住的时候才会用尖针自保。

不过，我得向这个缺乏勇气的掘地蜂表示谢意。虽然我并没有进行一点儿防御，但是居然能够在这喧闹的蜂群中，安安静静地坐着，还能随意观察它们的巢达几个小时，并且没有被刺过一针。

就这样，我观察了很多的蜂巢。其中，有些蜂巢还是敞开着的，里面多少储备着一些蜜汁，还有一些蜂巢已经用土掩盖了起来，而里面的东西，也是大不一样的。有的时候，我看到的是蜂的幼虫；有的时候，我又看到其他种类的稍为肥大的幼虫；①还有一些时候，能看见一个卵漂浮在蜜汁的表面上，这个卵呈非常美丽的白颜色，它是圆柱形的，而且稍微有一点儿弯曲，差不多有一寸的五分之二或者六分之一长，这就是掘地蜂的卵。

①外貌描写，介绍了掘地蜂卵的颜色、形状等。

②在其他的许多小房间中，我看到的更多的就是蜂螨的幼虫，它们伏卧在掘地蜂的卵上，就好像是伏在一种木筏上一样。它的形状和大小都和刚孵化出来的时候一样，在这个蜂巢里，敌人已经卧在家门口了。

②外貌描写，介绍了蜂螨的幼虫的形状与大小等情况。

它是在什么时候，并且是用什么方法进去的呢？这些幼虫一定是在掘地蜂产卵的时候，或者是后来掘地蜂封门的时候进去的。我凭借我的一点儿经验断定，幼虫在进入小房间的时候，一定是在掘地蜂把卵产在蜜上的一瞬间。

③如果我拿一个里面装满了蜂蜜，表面上还浮着一个卵的小房间；然后再拿上几只蜂螨的幼虫，把它们一起放到玻璃罩里面进行观察。然而它们却很少会跑到蜂巢里边去，它们也不能够安然地跑到“木筏”上边去！围绕着这个“木筏”的蜂蜜看来对它们而言是太危险了。即使有那么一两只幼虫碰巧跑近了这个蜂巢，那么它们一看到这黏

③叙述，作者在这里介绍了自己的试验，通过试验，说明了装满蜂蜜的窠巢对于蜂螨幼虫来说，是特别危险的。

性很大的东西，或者稍一涉足其中，便马上会千方百计地设法逃离这个危险的地方。可是，经常有一些不太走运的幼虫，一不小心就跌落到蜂巢里面被闷死了。所以，蜂螨的幼虫是绝对不会离开掘地蜂的毛的，特别是掘地蜂待在小房间里或靠近小房间的时候，更要牢牢地依附于掘地蜂的身体。

幼小的蜂螨是在封闭的小房间中发现的，而且是待在蜂的卵上的。然而，要想到达这只漂浮在蜂巢中心的食品“木筏”，这只蜂螨的幼虫必须要避免与蜂蜜接触。要想达到目的，只有一个可以选择的方法。[1]这个聪明的小幼虫，趁着掘地蜂在产卵的空当儿，从它的身上迅速地一下子滑落到那个卵上。这样一来，目的达到了。幼虫便和卵一起做伴共同浮在蜜上了。因为这只由掘地蜂产下的卵太小了，不能同时承载超过一个以上的幼虫。因此，我们在一个蜂室里面，只能看到一个蜂螨的幼虫。

❶ 动作描写，介绍了蜂螨幼虫到达“木筏”所运用的方法，说明了它非常聪明。

可以说，当掘地蜂产下卵以后，把卵放在蜜汁上的同时，也就把它们的小天敌——蜂螨的幼虫一起放到了小房间里，然后，掘地蜂要非常仔细地用土把小房间的门给密封起来。于是，一切需要它做的工作都做完了。然后，第二个小房间是做在第一个小房间的旁边，大概也要经历和前面相同的过程。就这样，不停地继续下去，一直到隐蔽在它的绒毛中的寄生者统统安居下来。

我们可以想一想，如果将一只有蜂螨的幼虫在小房间上面的盖子拿下来，那么会有什么样的事情发生呢？

卵还是十分完好的，一点儿也没有受到破坏。但是，好景不长。不久以后，蜂螨幼虫的破坏工作便开始了。我们可以观察到，[2]幼虫朝着一个长有小黑点的白卵上跑去，然后，它忽然停了下来，由于它有六只脚，所以，身体可

❷ 动作描写，介绍了蜂螨幼虫享用蜂卵的过程，其中，它利用尖钩将卵拉破的动作描写得非常生动。

以停得很稳。最后，它利用大腮的尖钩咬住那个卵身上的薄皮儿，用尽自己浑身的力气，猛烈地拉扯着，直到那个卵被它拉破为止。于是，卵里面的东西便流了出来。那只得胜的幼虫，见了这种东西非常满意，立刻高兴地享用起来。这个小小的寄生虫，一生第一次使用它的尖钩，原来是在拉破蜂卵的时候。

蜂螨的幼虫真是聪明啊！利用这种巧妙的方法，幼虫便可以在它寄生的小房间中毫无顾忌地为所欲为了。它可以任意地享用蜜汁。这是因为在掘地蜂的幼虫孵化过程中，也是需要蜜汁来增加营养的。但是这一点点的蜜汁是不够日后二者一起享用的。因此，蜂螨的幼虫在拉扯卵皮的时候，越快就越好。这样一来，“僧多粥少”的困难就不存在了。

①蜂螨的幼虫之所以要破坏蜂卵，是因为蜂卵有一种特殊的滋味。这种滋味很吸引蜂螨幼虫，这个小幼虫在把卵撕破的初期，饮食的是从卵里流出来的诱人的浆汁。接下来的几天，幼虫继续努力，把卵的裂口撕扯得更大，这样，幼虫就可以得寸进尺，继续享用卵内部的流质，直到满足为止。

① 叙述，作者在这里介绍了蜂螨幼虫吸食蜂卵前，要将卵弄破的原因，以及享用食物的过程。

在幼虫吸食蜂卵的过程中，储备在蜂卵周围的甜美蜜汁，却一点儿也诱惑不了贪吃的蜂螨幼虫，它理都不理睬一下。因此，蜂卵才是蜂螨幼虫最喜欢的必需食品。

一个星期后，这个可怜的小蜂卵已不再剩下什么了，而蜂螨幼虫却茁壮成长，差不多有原来的两倍大了。它的背部开始裂开，形成了自己的第二种形状，长成了一只简单的甲虫。小幼虫从那个裂缝中解脱出来，然后，落到蜂蜜上。从它身上脱下来的那个壳，还依然停留在原来的那个小“木筏”上面。但是，在不久以后，它们都被淹没在

蜜浪中了。

此时此刻，蜂螨幼虫的历史便画上了一个圆满的句号！

阅读心得

美词佳句

固若金汤　冥思苦想

蜂螨的幼虫真是聪明啊！利用这种巧妙的方法，幼虫便可以在它寄生的小房间中毫无顾忌地为所欲为了。

第十七章 蟋　蟀

名师导读

蟋蟀居住在草地里，它屋子的内部并不奢华，有暴露但并不粗糙的墙。蟋蟀也从来不诉苦、不悲观，它一向很乐观、很积极向上。对于自己拥有的房屋，以及它天生的歌唱才能，都相当满意和欣慰。这微小的生命，用歌声诉说着快乐，常常让人完全陶醉于动听的音乐世界之中。

蟋蟀的家庭

①居住在草地里的蟋蟀，差不多和蝉一样有名气。它们在有数的几种模范式的昆虫中，表现是相当不错的。它之所以如此名声在外，主要是因为它出色的歌唱才华。

> ❶ 叙述，介绍了蟋蟀的名气以及出名的原因。

有一位法国寓言作家曾经在与蟋蟀有关的故事中写道：蟋蟀并不满意，在叹息它自己的命运！事实证明，这是一个错误的观点，因为蟋蟀无论是对自己的住所，还是天生的歌唱才华都是非常满意的。是的，特别是歌唱给它们带来的名气，足以让它们感到庆幸了。

在这个故事的结尾处，他承认了蟋蟀的这种满足感。他写道：

②“我舒适的小家庭，是个快乐的地方，如果你想要快

> ❷ 语言描写，描写了蟋蟀对于自己生活的满足感与快乐感。

乐的生活，就隐居在这里面吧！”

在我的一位朋友所作的一首诗中，给了我另一种感觉。我觉得这首诗更具有真实性，更加有力地表现出蟋蟀对于生活的热爱。

下面就是我的朋友写的这首诗：

曾经有个故事是讲述动物的，
一只可怜的蟋蟀跑出来，
到它的门边，
在金黄色的阳光下取暖，
看见了一只趾高气扬（zhǐ gāo qì yáng，趾高：走路时脚抬得很高；气扬：意气扬扬。走路时脚抬得很高，神气十足）的蝴蝶。
它飞舞着，
后面拖着那骄傲的尾巴，
半月形的蓝色花纹，
轻快地排成长列，
深黄的星点与黑色的长带，
骄傲的飞行者轻轻地拂过。
隐士说道：飞走吧，到你们的花里去徘徊吧，
不论菊花白，
玫瑰红，
都不足与我低凹的家相比。
突然，
来了一阵暴风雨，
雨水擒住了飞行者，
它破碎的丝绒衣服染上了污点，
它的翅膀被涂满了烂泥。
蟋蟀藏匿着，

阅读心得

阅读心得

淋不到雨，
用冷静的眼睛看着，
发出歌声。
风暴的威严与它毫不相关，
狂风暴雨从它身边无碍地过去。
远离这世界吧！
不要过分享受它的快乐与繁华，
一个低凹的家庭，
安逸而宁静，
至少可以给你无虑的时光。

从这首诗里，我们可以认识一下可爱的蟋蟀。

①我经常可以在蟋蟀住宅的门口看到它们在卷动着触须，以便使它们的身体能够凉快一些，后面能更加暖和一些。它们一点儿也不忌妒那些在空中翩翩起舞（piān piān qǐ wǔ，形容轻快地跳起舞来）的各种的花蝴蝶。相反，蟋蟀反倒有些怜惜它们。那种怜悯的态度，就好像有家庭的人，讲到那些无家可归、孤苦伶仃（gū kǔ líng dīng，孤单困苦，没有依靠）的人时，都会流露出一样的怜悯之情。②蟋蟀也从来不诉苦、不悲观，它一向很乐观、很积极向上，它对于自己拥有的房屋，以及它的那把简单的小提琴，都相当满意和欣慰。③从某种意义上，可以这样说，蟋蟀是个地道正宗的哲学家。它似乎清楚地懂得世间万事的虚无缥缈，并且还能够避开盲目疯狂地追求快乐的人的扰乱。

① 动作描写，介绍了蟋蟀卷动触须的动作以及这样做的目的。

② 叙述，介绍了蟋蟀乐观向上的个性，这是它对生活满足的原因。

③ 叙述，对蟋蟀淡泊处世的态度进行了高度评价。

寓言作家在诗中谈到了蟋蟀舒适的隐居地点；而拉·封丹也赞美了它低下的家庭。所以，最能引起人们注意的，就是蟋蟀的住宅。这住宅甚至吸引了诗人的目光来观察它，尽管他们常常很少注意到真正存在的事物。

确实，在建造巢穴以及家庭方面，蟋蟀可以算是超群出众的了。在各种各样的昆虫之中，只有蟋蟀在长大之后，拥有固定的家庭，这也算是对它辛苦工作的一种回报吧！

要想建成一个稳固的住宅，其实并不简单。不过，对于蟋蟀、兔子以及人类，已经不是什么大问题了。[①]在与我住地相距不太远的地方，有狐狸和獾猪的洞穴，它们绝大部分只是由不太整齐的岩石构建而成的，而且一看就知道这些洞穴很少被修整过。对于这类动物而言，只要能有个洞，暂且偷生，“寒窑虽破能避风雨”也就可以了。相比之下，兔子要比它们更聪明一些。如果没有任何天然的洞穴供兔子们居住，以便躲避外界的侵袭与烦扰，那么，它们就会到处寻找自己喜欢的地点进行挖掘。

① 景物描写，介绍了狐狸和獾猪的洞穴，通过其材质与很少修整过的描写，表现了狐狸和獾猪洞穴的简陋。

然而，蟋蟀则要比它们中的任何一位都聪明得多。[②]在选择住所时，它常常轻视那些偶然碰到的天然隐蔽场所为家。它总是非常慎重地选择一个最佳的住址。它们很愿意挑选那些排水条件优良，并且有充足而温暖的阳光照射的地方。凡是这样的地方，都被视为佳地，要优先考虑。蟋蟀要求自己的别墅必须是自己亲手挖掘而成的，从它的大厅一直到卧室，无一例外。

② 叙述，介绍了蟋蟀如何选择居所，它审慎小心地选择，说明了它对于居所的重视。

蟋蟀的住屋

在青青的草丛之中，你如果注意的话，就会发现一个有一定倾斜度的隧道。在这里，即便是下了一场滂沱的暴雨，也会立刻就干了。[③]这个隐蔽的隧道，最多不过九寸深，宽度和人的一个手指头差不多。隧道按照地形的情况和性质，或是弯曲，或是垂直。差不多如同定律一样，总是要有一叶草把这间住屋半遮掩起来，其作用很明显，如

③ 景物描写，介绍了蟋蟀隧道的深度、地形与宽度、形状、作用等。

同一座屏障一样，把进出洞穴的孔道遮蔽在黑暗之中。蟋蟀在出来吃青草的时候，决不会去碰一下这片草叶。那微斜的门口，仔细用扫帚打扫干净，收拾得很宽敞。这里就是它们的一座平台，每当周围很宁静的时候，蟋蟀就会悠闲自在地聚集在这里，开始弹奏它的四弦提琴了。多么温馨的消暑音乐啊！

屋子的内部并不奢华，有暴露但并不粗糙的墙。房子的主人有很多空闲时间去修整太粗糙的地方。[①]隧道的底部就是卧室，这里比别的地方修饰得略微精细些，并且宽敞些。大体上说，这是个很简单的住所，非常清洁，也不潮湿，一切都符合卫生标准。从另一方面来说，假如我们考虑到蟋蟀用来掘土的工具十分简单，那么可以说这真是一个伟大的工程了。如果想要知道它是怎样做的，它是什么时候开始这么大的工程的，我们一定要回溯到蟋蟀产卵的时候。

① 景物描写，介绍了蟋蟀隧道底部的情况，说明了蟋蟀居所非常干净。

[②]蟋蟀像黑螽斯一样，只把卵产在土里，深约四分之三寸，排列成群，总数有五六百个。卵孵化以后，看起来很像一只灰白色的长瓶子，瓶顶上有一个整齐的孔，边上有一顶小帽子，像一个盖子一样。

② 细节、外貌描写，介绍了蟋蟀产卵的数量以及外形等。

卵产下两个星期以后，前端出现两个大的幼虫，是一个待在襁褓中的幼虫，穿着紧紧的衣服，还不能完全辨别出来。你应当记得，螽斯也以同样的方法孵化，当它来到地面上时，也一样穿着一件保护身体的紧紧的外衣。螽斯的卵留在地下有八个月之久，它要想从地底下出来必须同已经变硬了的土壤搏斗一番，因此，需要一件长衣保护它的腿。但是蟋蟀的腿整体上比较短粗，而且卵在地下也不过几天，它出来时只要穿过粉状的泥土就可以了，用不着和干硬的土地相抗争。因此，它不需要外衣，于是，它就把这件外衣抛弃在壳里了。

①外貌、动作描写，介绍了蟋蟀幼虫的外形，描写了它冲出泥土的动作，以及有可能与同类发生冲突的危险。

②外貌描写，介绍了二十四小时后，蟋蟀幼虫的外形，主要包括色彩以及身体的变化等。

③动作描写，介绍了卵的一端逐渐分裂开，里面的小动物跳出来的情景。

④动作描写，介绍了蟋蟀被蚂蚁捕杀时的情景。

[①]当它脱去襁褓时，蟋蟀的身体差不多完全是灰白色的，它开始和眼前的泥土战斗了。它用它的大腮将一些毫无抵抗力的泥土咬出来，然后，把它们打扫在一旁或干脆踢到后面去，很快它就可以在地面上享受阳光，并冒着和它的同类相冲突的危险开始生活了，这时它还是一个弱小的可怜虫，还没有跳蚤大呢！

[②]二十四小时以后，它变成了一个小黑虫，这时，它的肤色足以和发育完全的蟋蟀相媲美，以前的灰白色到最后只留下一条围绕着胸部的白肩带，身上还有两个黑色的点。在这两点中上面的一点，你可以看见一条环绕着的，薄薄的、凸起的线。壳子将来就在这条线上裂开。因为卵是透明的，我们可以看见这个小动物身上长着的关节。

好运气是关爱带来的，如果我们不断地到卵旁边去看，我们会得到回报的。[③]在凸起的线的四周，壳的抵抗力会渐渐消失，卵的一端逐渐分裂开，被里面的小动物的头部推动，它升起来，落在一旁，像小香水瓶的盖子一样，战俘就从瓶子里跳了出来。

当它出去以后，卵壳还是光滑、完整、洁白的，挂在口上的一端。鸡卵破裂，就是小鸡用嘴尖上的小硬瘤撞破的；蟋蟀的卵做得更加巧妙，它的头顶就可以做这件工作了。

卵破了后，一只幼小的蟋蟀跳出来。它是非常灵敏和活泼的，不时用长而颤动的触须打探四周的情况，并且很性急地跳来跳去。当有一天，它长胖了，不能如此放肆了，那才真有些滑稽呢！

现在，我们要看一看母蟋蟀为什么要产下这么多的卵。这是因为多数的小动物是要被处以死刑的。[④]它们常遭到别的动物残忍地屠杀，特别是小型灰蜥蜴和蚂蚁。蚂蚁这种讨厌的流寇，常常不留一只蟋蟀在我们的花园里。它一口就能咬住这可怜的小动物，然后，狼吞虎咽地将它们吃掉。

我花园里的蟋蟀，已经被蚂蚁残杀殆尽，这使我不得不跑到外面去寻找它们。①八月里在落叶下，那里的草还没有完全被太阳晒干枯，我看到幼小的蟋蟀，已经长得比较大了，全身已经都是黑色了，白肩带的痕迹一点儿也没有存留下来。在这个时期，它的生活是流浪式的，一片枯叶，一块扁石头，已经足够它去应付大千世界中的事情了。

①外部描写、景物描写，介绍了八月里的蟋蟀以及它流浪式的生活。

许多从蚂蚁口中逃脱的蟋蟀，现在又成了黄蜂的牺牲品。它们猎取这些旅行者，然后把它们埋在地下。其实只要蟋蟀提前几个星期做好防护工作，它们就没有这种危险了。但是它们从来也没想到过这点，总是死守着旧习惯，仿佛视死如归（shì sǐ rú guī，把死看得像回家一样平常。形容不怕牺牲生命）的样子。

②一直要到十月末，寒气开始袭人时，蟋蟀才开始动手建造自己的巢穴。如果以我们对养在笼子里的蟋蟀的观察来判断，这项工作是很简单的。挖穴并不在裸露的地面上进行，而是常常在莴苣叶——残留下来的食物——掩盖的地点；或者是其他的能代替草叶的东西，似乎为了使它的住宅隐秘起见，这些掩盖物是不可缺少的。

②叙述，介绍了蟋蟀建造巢穴的时间、位置等。

③这位矿工用它的前足扒着土地，并用大腮的钳子，咬去较大的石块。我看到它用强有力的后腿蹬踏着土地，后腿上长有两排锯齿式的东西。同时，我也看到它清扫尘土将其推到后面，把它倾斜地铺开。

③动作描写，通过咬、推等动作，介绍了蟋蟀挖掘巢穴的过程与所用的方法。

工作开始做得很快。在我笼子里的土中，它钻在下面一待就是两个小时，而且隔一小会儿，它就会到进出口的地方来。④但是它常常是向着后面的，不停地打扫着尘土。如果它感到劳累了，它可以在还没完成的家门口休息一会儿，头朝着外面，触须特别无力地摆动着，一副倦怠的样子。

④动作、神态描写，介绍了蟋蟀挖掘巢穴时的一些表现，突出了它倦怠时的样子。

这项工作最重要的部分已经完成了。洞口已经有两寸多深了，足够满足一时之需。余下的事情，可以慢慢地做，今天做一点，明天再做一点，这个洞可以随天气的变冷和蟋蟀身体的长大而加大加深。①如果冬天的天气比较暖和，太阳照射到住宅的门口，仍然还可以看见蟋蟀从洞穴里面抛撒出泥土来。在春天尽情享乐的天气里，这住宅的修理工作仍然继续不已。改良和装饰的工作，总是经常地不停歇地在做着，直到主人死去。

① 动作描写，介绍了天气较暖和时，蟋蟀工作时的状态。

四月的月底，蟋蟀开始唱歌，最初是一种生疏而又羞涩的独唱，不久，就合成在一起形成美妙的奏乐，每块泥土都夸赞它是非常善于演奏动听的音乐的乐者。我乐意将它置于春天的歌唱者之魁首。②在我们这片荒废了的土地上，在百里香和欧薄荷繁盛的开花时节，百灵鸟如火箭般飞起来，打开喉咙纵情歌唱，将优美的歌声从天空散布到地上。而待在下面的蟋蟀，它们也不禁被吸引，放声高歌一曲，以求与相知者相应和。它们的歌声单调且毫无艺术感，但却和它生命复苏的单调喜悦相协调，这是一种警醒的歌颂，为萌芽的种子和初生的叶片所了解、所体味。百灵鸟的歌声停止以后，在这些田野上，生长着青灰色的欧薄荷，这些在日光下摇摆着芳香的批评家，仍然能够享受到这样朴实的歌唱家的一曲赞美之歌，从而伴它们度过每一刻寂寞的时光。多么有益的伴侣啊！它给大自然以美好的回报。

② 景物描写、动作描写，表现了在鲜花绽放的时节，蟋蟀放声歌唱、应和的情景。

蟋蟀的乐器

为了科学的研究，我们可以很坦率地对蟋蟀说道："把你的乐器给我们看看。”像各种有价值的东西一样，它是非常简单的。[①]它的乐器和螽斯的乐器很相像，根据同样的原理，它不过是一只弓，弓上有一只钩子，以及一种振动膜。右翼鞘遮盖着左翼鞘，差不多完全遮盖着，只除去后面和转折包在体侧的一部分，这种样式和我们原先看到的蚱蜢、螽斯及其同类相反。蟋蟀是右边的盖着左边的，而蚱蜢等是左边的盖着右边的。

❶ 外貌描写、细节描写，通过描写蟋蟀的弓，右翼鞘遮盖着左翼鞘等器官构造，介绍了蟋蟀能发音的原理。

两个翼鞘的构造是完全一样的。知道一个也就知道另一个了。它们分别平铺在蟋蟀的身上。在旁边，突然斜下成直角，紧裹在身上，上面还长有细脉。

[②]如果你把两个翼鞘揭开，然后，朝着亮光仔细地留意，你可以看到它是极其淡的淡红色，除去两个连接着的地方以外，前面是一个大的三角形，后面是一个小的椭圆，上面生长有模糊的皱纹，这两个地方就是它的发声器官，这里的皮是透明的，比其他的地方要更加紧密些，只是略带一些烟灰色。

❷ 外貌描写，描写了蟋蟀翼鞘揭开后，大三角形后的发声器官，其形状与色泽等。

[③]在前一部分的后端边隙的空隙中有五条或是六条黑色的条纹，看来好像梯子的台阶。它们能互相摩擦，从而增加与下面弓的接触点的数目，以增强其振动。

在下面，围绕着空隙的两条脉线中的一条，呈肋状。切成钩的样子的就是弓，它长着约一百五十个三角形的齿，整齐得几乎符合几何学的规律。

❸ 外貌描写，通过描写蟋蟀发音器官的构造与功能，来说明它发声的原理与规律。

这的确可以说是一件非常精致的乐器。弓上的一百五十个齿，嵌在对面翼鞘的梯级里面，使四个发声器同时振动，下面的一对直接摩擦，上面的一对是摆动摩擦的器具，它只用其中的四只发音器就能将音乐传到数百码以外的地方，可以想象这声音是如何的急促啊！

它的声音可以与蝉的清澈的鸣叫相抗衡，并且没有后

① 外貌描写，通过描写蟋蟀翼鞘的伸展方向与高低的不同，来介绍它调节曲调的能力。

② 外貌描写，描写了蟋蟀蛴螬的翼和翼鞘的形状以及平铺的方向。

者粗糙的声音。比较来说，蟋蟀的叫声要更好听一些，这是因为它知道怎样调节曲调。[①]蟋蟀的翼鞘向着两个不同的方向伸出，所以非常开阔。这就形成了制音器，如果把它放低一点，那么就能改变其发出声音的强度。根据它们与蟋蟀柔软的身体接触程度的不同，可以让它一会儿能发出柔和的低声的吟唱，一会儿又发出极高亢的声调。

蟋蟀身上两个翼盘完全相似，这一点是非常值得注意的。我可以清楚地看到上面弓的作用，和四个发音地方的动作。但下面的那一个，即左翼的弓又有什么样的用处呢？它并不被放置在任何东西上，没有东西接触着同样装饰着齿的钩子。它是完全没有用处的。

最初，我以为蟋蟀的两只弓都是有用的。但是观察的结果恰恰相反。

我甚至用人为的方法来做这件事情。我非常轻巧地，用我的钳子使蟋蟀的左翼鞘放在右翼鞘上，决不碰破一点儿皮。事情的各方面都得很好，肩上没有脱落，翼膜也没有皱褶。

我很希望蟋蟀在这种状态下仍然可以尽情歌唱，但不久我就失望了。它开始恢复到原来的状态。

后来，我想这种试验应该在翼鞘还是新的、软的时候进行，即在蛴螬刚刚蜕去皮的时候。我得到刚刚蜕化的一只幼虫，[②]在这个时候，它未来的翼和翼鞘形状就像四个极小的薄片，它短小的形状和向着不同方向平铺的样子，使我想到面包师穿的那种短马甲，这蛴螬不久就在我的面前，脱去了这层衣服。

小蟋蟀的翼鞘一点一点长大，渐渐变大，这时，还看不出哪一扇翼鞘盖在上面。后来两边接近了，再过几分钟，右边的马上就要盖到左边的上面去了。于是，我加以干涉了。

[1]我用一根草轻轻地调整其鞘的位置，使左边的翼鞘盖到右边的上面。蟋蟀虽然有些反抗，但是最终我还是成功了。左边的翼鞘稍稍推向前方，虽然只有一点点。于是，我放下它，翼鞘逐渐在变换位置的情况下长大。蟋蟀逐渐向左边发展了。我很希望它演奏出一曲同样美妙动人的乐曲。

❶ 动作描写，通过描写作者调整其鞘的方法，来表现小蟋蟀左边翼鞘位置的变化。

第三天，它就开始了。先听到几声摩擦的声音，好像机器的齿轮还没有切合好，正在把它调整一样。然后，调子开始了。

我以为已造就了一位新式的奏乐师，然而，我一无所获。蟋蟀仍然拉它右面的琴弓，而且常常如此拉。它因拼命努力，想把我颠倒的翼鞘放在原来的位置，导致肩膀脱臼。现在，它已经把本来应该在上面的翼鞘放回了原来的位置。我想，把它做成左手的演奏者的方法是缺乏科学性的。最终，它的一生还是以右手琴师的身份度过的。

乐器已讲得够多了，让我们来欣赏一下它的音乐吧！[2]蟋蟀是在它自家的门口唱歌的，在温暖的阳光下面，从不躲在屋里自我欣赏。翼鞘发出“克利克利”柔和的振动声。音调圆满，非常响亮、明朗而精美，而且延长之处仿佛无休止一样。整个春天寂寞的闲暇就这样消遣过去了。这位隐士最初的歌唱是为了让自己过得更快乐些。它在歌颂照在它身上的阳光，供给它食物的青草，给它居住的平安隐蔽之所。它的弓的第一目的，是歌颂它生存的快乐，表达它对大自然恩赐的谢意。

❷ 叙述，介绍了蟋蟀唱歌时的位置、音调等，表现了它音乐的动听。

后来，它不再以自我为中心了，它逐渐为它的伴侣而弹奏。但是到后来，它和它的伴侣争斗得很凶，除非它逃走，否则，它的伴侣会把它弄成残废，甚至将吃掉它一部分的肢体。不过，无论如何，它不久总要死的。

[3]它被关起来是很快乐的，并不烦恼。它长住在家里的

❸ 叙述，通过描写蟋蟀在不同情况下表现出的开心快乐，来说明它是一种乐观向上的动物。

生活使它能够被饲养，它是很容易满足的。只要它每天有莴苣叶子吃，就是关在不及拳头大的笼子里，它也能生活得很快乐，不住地叫。雅典小孩子挂在窗口笼子里养的，不就是它吗？

我们附近的其他三种蟋蟀，都有同样的乐器，不过细微处稍有一些不同。它们的歌唱在各方面都很像，不过它们身体的大小各有不同。①波尔多蟋蟀，有时候到我家厨房的黑暗处来，是蟋蟀一族中最小的，它的歌声也很细微，必须要侧耳静听才能听得见。

① 叙述，介绍了波尔多蟋蟀歌声细微。

田野里的蟋蟀，在春天有太阳的时候歌唱，在夏天的晚上，我们则听到意大利蟋蟀的声音了。②它是个瘦弱的昆虫，颜色十分浅淡，差不多呈白色，似乎和它夜间行动的习惯相吻合。如果你将它放在手指中，你就会怕把它捏扁。它喜欢待在高高的空气中，在各种灌木里，或者是比较高的草上，很少爬下地面来。在七月到十月这些炎热的夜晚，它甜蜜的歌声，从太阳落山起，继续至半夜也不停止。

② 外貌描写、细节描写，介绍了意大利蟋蟀的外形，以及它喜欢待的地方，它唱歌时声音非常甜美。

普罗旺斯的人都熟悉它的歌声，最小的灌木叶下也有它的乐队。很柔和很慢的“格里里，格里里”的声音，加以轻微的颤音，格外有意思。如果没有什么事打扰它，这种声音将会一直持续并不改变，但是只要有一点儿声响，它就变成迷人的歌者了。你本来听见它在你面前很靠近的地方，但是忽然你听起来，它已在十五码以外的地方了。但是如果你向着这个声音走过去，它却并不在那里，声音还是从原来的地方传过来的。其实，也并不是这样的。这声音是从左面，还是从后面传来的呢？一个人完全被搞糊涂了，简直辨别不出歌声发出的地点了。

在我所知道的昆虫中，没有什么其他的歌声比它更动人、更清晰的了。在八月夜深人静的晚上，可以听到它。③我常

③ 动作描写、心理描写，表现了作者在听蟋蟀唱歌时的姿态与心理感受。

常俯卧在迷迭香旁边的草地上，静静地欣赏这种悦耳的音乐。那种感觉真是十分的惬意。

阅读心得

意大利蟋蟀聚集在我的小花园中，在每一株开着红花的野玫瑰上，都有它的歌颂者，欧薄荷上也有很多。野草莓树、小松树，也都变成了音乐场所。并且它的声音十分清澈，富有美感，特别动人。所以在这个世界中，从每棵小树到每根树枝上，都飘出颂扬生存的快乐之歌。简直就是一曲动物之中的“欢乐颂”！

高高的在我头顶上，天鹅飞翔于银河之间，而在地面上，围绕着我的，有昆虫快乐的音乐，时起时息。微小的生命，诉说它的快乐，使我忘记了星辰的美景，我已然完全陶醉于动听的音乐世界之中了。

趾高气扬　翩翩起舞

野草莓树、小松树，也都变成了音乐场所。并且它的声音十分清澈，富有美感，特别动人。所以在这个世界中，从每棵小树到每根树枝上，都飘出颂扬生存的快乐之歌。简直就是一曲动物之中的“欢乐颂”！

第十八章　娇小的赤条蜂

名师导读

赤条蜂有着细细的腰和玲珑的身材，它把百里香根部的泥土挖去，又把周围的小草拔掉，然后把头钻进挖松的土块里。赤条峰匆匆忙忙地从这里飞到那里，向每一条裂缝里张望。它在寻找什么呢？又为何将毛毛虫弄得求生不得、求死不能呢？

赤条蜂的巢穴

①细细的腰，玲珑的身材，腹部分成两节，下面大，上面小，中间好像是用一根细线连起来，黑色的肚皮上面围着一丝红色的腰带：这就是赤条蜂。

赤条蜂的巢穴是建筑在疏松的极容易钻通的泥土里的。②小路的两旁，太阳照耀着的泥滩上，那些地方的草长得很稀疏，都是黄蜂最理想的住所。在春季，四月初的时候，我们总可以在这样的地方找到它们。

③赤条蜂通常在泥土里筑一个垂直的洞，好像一口井，口径只有鹅毛管那么粗，大约两寸深，洞底是一个孤立的小房间，专为产卵用的。

黄蜂建巢的时候，总是静静地、慢慢地工作着，丝毫没有什么热烈或兴奋的样子。像别的蜂一样，它用前足做

① 外貌描写，介绍了赤条蜂的腰、腹部等。

② 景物描写，介绍了赤条蜂所选择的建巢地点，以及在四月初喜欢待的地方。

③ 景物描写，介绍了赤条蜂洞穴的位置、外形、口径等。

耙，用嘴巴做挖掘的工具。有时候我们就可以听到，从洞底发出一声尖利、刺耳的摩擦声，这是因为它遇到了一颗极不容易搬走的沙粒引起翅膀和全身剧烈振动的缘故。①每隔短短的十几分钟，我们就可以看到赤条蜂在洞口出现，嘴里衔着一些垃圾或是一颗沙粒。它总把这种垃圾丢到几寸以外的地方，这样可以保持自己的居所和周围环境的整洁干净。

②有几颗沙粒会被区别对待。赤条蜂们会对它们进行特殊的处理，使它们免遭被远远抛出去的命运。这些沙粒被赤条蜂们堆在洞的附近，将来会另有重大的用途。当赤条蜂把洞完全挖好了，它就在这小沙滩上察看有没有适合它需要的沙粒。如果没有，它就到附近去找，直到找到为止。它需要的是一粒扁平的，比它的洞口稍大一些的沙粒，它可以把这个沙粒盖在洞口，做成一扇门。第二天它从外面猎取一条毛毛虫回来，就不慌不忙地把门打开，把猎物拖进去。这门看起来和其他沙粒完全一样，谁也不会想到它底下会藏着食物，藏着一只赤条蜂的家，只有它自己才能辨别出它的家。它打开门，不紧不慢地把猎物放到洞底后，就开始在上面产卵，然后再用它以前藏在附近的沙粒把洞口堵住。这听起来似乎有点像《阿里巴巴与四十大盗》中“芝麻开门”的故事。

赤条蜂所猎取的食物是一种灰蛾的幼虫。这种虫大部分都生活在地底下，赤条蜂又是如何把它捉到的呢？让我们来看看吧！③有一天当我散步回来的时候，正好看到一只赤条蜂在一丛百里香底下忙碌着。我立刻在它附近的地上躺下。我的出现并没有把它吓走。它先飞到我的衣袖上停留了一会儿，断定我不会伤害它之后，又飞回到百里香丛中去了。从过去的经验我知道这意味着什么：它忙得很，没有时间来考虑我这个不速之客（bú sù zhī kè，指没有被

① 动作描写，通过衔着、丢等动作，表现了赤条蜂在洞口出现时的情景。

② 叙述，作者在这进而介绍了赤条蜂处理沙粒的方法以及沙粒的用途。

③ 动作描写，表现了赤条蜂忙碌着寻找食物时的场景，通过描写它在自己衣袖上停留一会儿又飞回的动作，说明它非常忙碌，而且有一定的警觉性。

邀请，自己来的客人）。

赤条蜂把百里香根部的泥土挖去，又把周围的小草拔掉，然后把头钻进它挖松的土块里。它匆匆忙忙地从这里飞到那里，向每一条裂缝里张望。不是在为自己筑巢，而是在寻找地底下的食物，活像一只猎狗在寻找洞里的野兔一般。

灰蛾的幼虫觉察到了上面的动静，决定离开自己的巢，爬到地面上来看看到底发生了什么事。这一念之差就决定了它的命运。[1]那赤条蜂是早已准备就绪，就等着它的出现了。果然，灰蛾的幼虫一露出地面，赤条蜂就冲出去一把将它抓住了，然后伏在它的背上，像熟练的外科医生一样，不慌不忙地用刺把毛虫的每一节都刺一下。从前到后一节一节地往下刺，一点儿也不遗漏。它那熟练的动作，让人想起游刃有余的屠夫。

①动作描写，介绍了准备就绪的赤条蜂是如何抓住露出地面的灰蛾幼虫的：一把将它抓住，不慌不忙地用刺等动作，表现了它动作的熟练。

赤条蜂的技巧令科学家们都自愧不如。它可以靠观察去推断人类所从不知道的事情。它很熟悉它的俘虏的神经系统，它知道往哪些神经中枢上扎刺，可以使它的俘虏神经麻木而不至于死亡。

我还要告诉你另一幕关于赤条蜂和毛毛虫大战的故事，这也是我亲眼看见的。那是在五月里，我看着赤条蜂在一条光洁的路旁为它的巢做最后一步的清除工作。它的几码外的地方已经麻醉好了一条毛毛虫，当它清除好那条街道并且把洞开得足够大后，它就出去搬毛毛虫了。

它很容易地找到了那只躺在地上的毛毛虫。可糟糕的是，蚂蚁也正在猎取那只毛毛虫。赤条蜂不愿意和蚂蚁分享这只毛毛虫，可是要把蚂蚁赶走，也不是一件容易的事，再三考虑之后，它认为自己的能力实在有限，还是不要做无谓的牺牲吧！于是，它决定放弃这只毛毛虫，再到别处去寻找食物。

阅读心得

①它在离巢大约十尺以内的地方，一步一步慢慢地走着，察看着泥土，不时地用它那弯着的触须，在地面上挥动，像一名执着的士兵用探雷针寻找着地雷。在烈日的下面，我观察了它整整三个钟头！要找到一只毛毛虫是多么困难啊，尤其是在急需的时候。

❶动作描写，通过“慢慢地”“寻找着”等词，表现了赤条蜂寻找毛毛虫的不易。

即使是对人，这也是一件困难的工作。我一心要帮助它，替它找到一只毛毛虫，因为我想看它怎样麻痹毛毛虫。

于是我就想起我的老朋友法维，他是我的园丁，正在那里照料花园，于是我把他招呼过来。

②“快来快来！我想要几只灰色毛毛虫！”我把事情飞快地向他解释了一下。他明白了，马上去找虫子。他挖掘着莴苣的根，耙着草莓里的泥，察看着鸢尾草丛的边缘。我非常信任他：他的眼力和聪明，因为那么多年以来，大家都认为他是一个出色的园丁。

❷语言描写、动作描写，作者向老朋友法维表达了愿望，通过“挖掘着”“耙着”等动作的描写，表现了老朋友寻找毛毛虫的情景，从而为以下述说作者对他的信任埋下了伏笔。

过了好久，也没见法维拿毛毛虫过来。

“喂，法维，毛毛虫呢？”

“先生，我一只也没找到。”

“怎么会？！把你们所有的人都叫过来！克兰亚、爱格兰，你们都来！到莴苣田里来！帮我找毛毛虫！”

于是全家都出动了，每个人都很努力，可是毫无结果。三个钟头过去了。我们中间谁也没找到毛毛虫。

③赤条蜂也没有找到毛毛虫，它已经很疲倦了，我看到它很果断地在地面上有裂缝的地方寻找。它尽着它最大的努力寻找，甚至把杏核般大的泥块搬开。可是不久它又离开了这些地方。于是我开始怀疑，赤条蜂捕获不到猎物，不是因为找不到毛毛虫，而是因为虽然它知道毛毛虫在哪儿，却没办法捉到它们，可能因为毛毛虫早有防备，把巢挖得很深，而赤条蜂没有能力把虫子从地底下挖出来。我

❸神态描写，描写了赤条蜂寻找猎物时疲倦与果断的神态以及为此所付出的努力。

阅读心得

真愚昧，为什么早没有想到这一点？难道这样一个经验丰富的猎取家会盲目地浪费精力吗？当然不会。

此刻，赤条蜂又在挖另一个地方了，可是不久它又放弃了，正像它所尝试过的许多地方一样。我决心要帮它的忙，于是我就继续它的工作，用小刀朝那儿挖下去。可是什么也没有，于是我也放弃了那块地方。

可是不久赤条蜂又回来了，在我挖过的地方继续往下挖。我明白它的意思了，我为它创造了条件，重新激起它对这个地方的信心。

“滚开，你这个笨头笨脑的家伙！”赤条蜂似乎在说，“让我来告诉你这里到底有没有毛毛虫！”

于是，我按照赤条蜂指引的方向挖下去，果然挖出了一只毛毛虫。太好了！聪明的赤条蜂！你没有辜负我对你的信任！

照这种办法，我挖到了第二只毛毛虫，不久，第三只、第四只都被我挖到了。

法维、克兰亚、爱格兰和其余所有的人，找了三个钟头都没找到一只毛毛虫，而这只聪明的赤条蜂，却提供给了我足够的毛毛虫，同时，我也为自己对赤条蜂的信任和了解而沾沾自喜。是啊，我能够懂得它的心思，能够和它密切配合，互补长短，那一堆丰盛的“战果”就是我们之间天衣无缝的完美合作的最好证明。

袭击毛毛虫

我把第五只毛毛虫留给赤条蜂，当时我正躺在地上，和这位屠夫靠得很近，所以，没有一个细小的动作能逃过

我的眼睛。现在，我要把我眼前所发生的情景一段一段地记下来。

1. [①]赤条蜂用它的嘴巴夹住了毛毛虫的颈部，毛毛虫剧烈地挣扎着，扭动着身体。赤条蜂却不慌不忙，自己让到一边，以避免剧烈地冲撞。它的刺扎在毛毛虫的头和第一节之间的关节上，那是毛毛虫的皮最嫩的地方。这是最性命攸关的一下，这一下可以使毛毛虫完全受赤条蜂的控制了。

① 动作描写，通过夹、扎等动作描写，介绍了赤条蜂捕食毛毛虫的生动场景。

2. [②]赤条蜂突然离开毛毛虫，躺倒在地上，剧烈地扭动着，不停地打着滚，抖动着足，拍打着翅膀，像是在垂死挣扎。我以为它也被毛毛虫扎了一下，受了致命的伤。看着它的生命就要这样结束，我对它充满了无限的同情。可是它突然又恢复正常了，扇扇翅膀，理理须发，又活灵活现地回到猎物旁。刚才看到的那一幕，其实正是它庆祝胜利的表现，而不是像我想的那样受了伤。

② 动作描写、心理描写，描写了赤条蜂放开毛毛虫的动作，作者在误解中的心理感受。

3. [③]赤条蜂抓住了毛毛虫的背部，抓的部位比第一次稍微低些，然后开始用刺扎它身体的第二个体节，仍旧是刺在下方。它一节一节地往下刺。头三节上有脚，接着两节没有脚，再以后四节又有脚，不过那不是真正的脚，充其量也只能算是枕状突起物，一共有九节。但早在赤条蜂第一针刺下后，毛毛虫已经没有多大的抵抗力了。

③ 动作描写，介绍了赤条蜂抓住毛毛虫背部后，所进行的刺扎动作。

4. [④]最后赤条蜂把钳子般的嘴巴张到最大的宽度，钳住了毛毛虫的头，有节奏地轻轻压它，但尽量不使它受伤。每压一次，赤条蜂就要停一下，看看毛毛虫有什么反应。这样一停、一等、一压，循环往复地进行着。这种控制大脑的手术不能做得太猛烈，否则毛毛虫很可能会死掉。说来很奇怪，赤条蜂为什么并不想让它死掉呢？

④ 动作描写，通过钳、压等动作描写，介绍了赤条蜂用钳子般的嘴巴钳压毛毛虫的情景。

现在，“外科医生”的手术已经结束，毛毛虫瘫趴在地上。它不会动了，几乎没有生命，只有一息尚存。它任凭被赤条蜂拖到洞里，不做也不能做丝毫的反抗。当赤条蜂把卵产在它身上后，它也没有能力伤害在它身上成长的赤条蜂的幼虫。这就是赤条蜂所做的麻醉工作的目的：它是在为未来的婴儿预备食物。它把毛毛虫拖到洞里以后，就在它身上产一个卵。等到幼虫从卵里孵化出来，就可以把毛毛虫当作食物。

① 叙述，介绍了赤条蜂“保鲜”食物的方法。

毛毛虫是不会动了。①可是它又不能完全死掉，因为如果它死了，尸体很快就会腐烂，不适宜做赤条蜂幼虫的食物了。所以，赤条蜂用它的毒刺刺进毛毛虫的每一节神经中枢，使它失去运动的能力，半死不活地苟延残喘下去，自动地为幼虫将来的食物“保鲜”。赤条蜂想得多周到啊！不过，等你看到它把猎物拉回家的过程，你会发现它对事物考虑的周到程度还远不止这些。它想到毛毛虫的头部还没有受伤，嘴巴还能动。②当它被赤条蜂拖着走的时候，它能够咬住地上的草，从而阻碍赤条蜂继续把它往前拖，所以赤条蜂还得想办法把毛毛虫的头部也麻痹了。这次它不再用它的毒刺，因为那会置毛毛虫于死地。它连续不断地压和摩擦毛毛虫的头部，这种方法实在是恰到好处，毛毛虫很快便失去了知觉，它被折腾晕了。

② 动作描写，介绍了赤条蜂麻痹毛毛虫头部的方法。

不速之客　游刃有余

它匆匆忙忙地从这里飞到那里，向每一条裂缝里张望。不是在为自己筑巢，而是在寻找地底下的食物，活像一只猎狗在寻找洞里的野兔一般。

第十九章　新陈代谢的工作者

名师导读

有许多昆虫，它们在这世界上做着极有价值的工作，尽管它们从来没有因此而得到相应的报酬和相称的头衔。让我们来观察一下其中的几只蝇吧，我们就可以知道它们的所作所为是多么的有益于人类，有益于整个自然界了。

你一定看见过碧蝇吧？①也就是我们通常所说的“绿头苍蝇”。它们有着漂亮的金绿色的外套，发着金属般的光彩，它们还有一对红色的大眼睛。

①外貌描写，描写了碧蝇的外形。

当它们嗅出在很远的地方有死动物的时候，会立即赶过去在那里产卵。几天以后，你会惊讶地发现那动物的尸体变成了液体，里面有几千条头尖尖的小虫子，正是碧蝇的幼虫。你一定会觉得这种方法实在有点令人反胃，可是除此之外，还有什么别的更好、更容易的方法消灭腐烂发臭的动物的尸体呢？

②碧蝇和其他蝇类的幼虫一样，有一种惊人的本事，那就是能使固体物质变成液体物质。有一次我做了一个试验，把一块煮得很老的蛋白扔给碧蝇做食物，它马上就把这块蛋白变成一滩像清水一样的液体。而这种使它能够把固体变成液体的东西，是它嘴里吐出来的一种酵母素，就好像我们胃里的胃液能把食物消化一样。碧蝇的幼虫就靠着这

②叙述，介绍了碧蝇所具有的将固体物质变成液体物质的本能及原因。

阅读心得

种自己亲手制作的肉汤来维持自己的生命。

其实，能做这种工作的，除了碧蝇之外，还有灰肉蝇和另一种大的肉蝇。你常常可以看到这种蝇在玻璃窗上嗡嗡飞着。千万不要让它停在你要吃的东西上面，要不然的话，它会使你的食物也变得充满细菌了。不过，你可不必像对待蚊子一样，毫不客气地去拍死它们，只要把它们赶出去就行了。因为在房间外面，它们可是大自然的功臣。它们以最快的速度，用曾经活过的动物的尸体产生新的生命，它们使尸体变成一种无机物质被土壤吸收，使我们的土壤变得肥沃，从而形成新一轮的良性循环。

毫不客气

房间外面，它们可是大自然的功臣。它们以最快的速度，用曾经活过的动物的尸体产生新的生命，它们使尸体变成一种无机物质被土壤吸收，使我们的土壤变得肥沃，从而形成新一轮的良性循环。

第二十章　松毛虫

名师导读

松毛虫的一生如同一个传奇故事，它从卵里孵化出来还不到一个小时，却已经会做许多工作了：吃针叶、排队和搭帐篷，仿佛没出娘胎就已经学会了似的。除此之外，它还会很多本事，比如，它还会预测天气，是一个名副其实的气象预报员。

贪吃的毛毛虫

在我那个园子里，种着几棵松树。每年毛毛虫都会到这松树上来做巢，松叶都快被它们吃光了。为了保护我的松树，每年冬天我不得不用长叉把它们的巢毁掉，搞得我疲惫不堪。

这贪吃的小毛虫，不是我不客气，是它们太放肆了。如果我不赶走它们，它们就要喧宾夺主（xuān bīn duó zhǔ，喧：声音大。客人的声音压倒了主人的声音。比喻外来的或次要的事物占据了原有的或主要的事物的有利位置）了。我将再也听不到满载着针叶的松树在风中低声谈话了。不过我突然对它们产生了兴趣，所以，我要和它们订一个合同，我要它们把自己一生的传奇故事告诉我，一年、两年，或者更多年，直到我知道它们全部的故事为止。而我呢，

阅读心得

在这期间不去打扰它们，任凭它们占据我的松树。

订合同的结果是，不久，我就在离门不远的地方，拥有了三十几只松毛虫的巢。天天看着这一堆毛毛虫在眼前爬来爬去，使我不禁对松毛虫的故事有了一种更急切想了解的欲望。这种松毛虫也叫作“列队虫”，因为它们总是一只跟着一只，排着队出去。

下面我开始讲它的故事：

第一，先要讲到它的卵。在八月份的前半个月，如果我们去观察松树的枝端，一定可以看到在暗绿的松叶中，到处点缀着一个个白色的小圆柱。①每一个小圆柱，就是一个母亲所产的一簇卵。这种小圆柱好像小小的手电筒，大的约有一寸长，五分之一或六分之一寸宽，裹在一对对松针的根部。这小筒的外貌，有点像丝织品，白里略透一点红，小筒的上面叠着一层层鳞片，就跟屋顶上的瓦片似的。

① 外貌描写、细节描写，介绍了“列队虫”卵的外形、长短等，状如手电筒的小圆柱，非常形象地说明了它一簇卵的形状。

这鳞片软得像天鹅绒，很细致地一层一层盖在筒上，做成一个屋顶，保护着筒里的卵。没有一滴露水能透过这层屋顶渗进去。这种柔软的绒毛是哪里来的呢？是松毛虫妈妈一点一点地铺上去的。它为了孩子牺牲了自己身上的一部分毛。它用自己的毛给它的卵做了一件温暖的外套。

如果你用钳子把鳞片似的绒毛刮掉，那么你就可以看到盖在下面的卵了，好像一颗颗白色珐琅质的小珠。②每一个圆柱里大约有三百颗卵，都属于同一个母亲。这可真是一个大家庭啊！它们排列得很好看，好像一颗玉蜀黍的穗。无论是谁，年老的或年幼的，有学问的还是没文化的，看到它们这美丽精巧的“穗”，都会禁不住喊道：“真好看啊！”多么光荣而伟大的母亲啊！

② 外貌描写、语言描写，通过对绒毛下“列队虫”卵的描述，说明了它们的美丽精巧。段末，表达了作者对“列队虫”母亲的赞美之情。

最让我们感兴趣的东西，不是那美丽的珐琅质的小珠本身，而是那种有规则的几何图形的排列方法。一只小小的蛾知道这精妙的几何知识，难道不是一件令人惊讶的事吗？但是我们越和大自然接触，便越会相信大自然里的一切都是按照一定的规则安排的。比如，为什么一种花瓣的曲线有一定的规则？为什么甲虫的翅鞘上有着那么精美的花纹？从庞然大物到微乎其微的小生命，一切都安排得这样完美。我想，冥冥之中一定有一位“美”的主宰者在有条不紊地安排着这个缤纷的世界。我只能这样解释了。

①松毛虫的卵在九月里孵化。在那时候，如果你把那小筒的鳞片稍稍掀起一些，就可以看到里面有许多黑色的小头。它们在咬着、推着它们的盖子，慢慢地爬到小筒上面，它们的身体是淡黄色的，黑色的脑袋有身体的两倍那么大。它们爬出来后，第一件事情就是吃支撑着自己的巢的那些针叶，把针叶啃完后，它们就落到附近的针叶上。常常可能会有三四个小虫恰巧落在一起，那么，它们会自然地排成一个小队。这便是未来松毛虫大军的雏形。如果你去逗它们玩，它们会摇摆起头部和前半身，高兴地和你打招呼。第二步工作就是在巢的附近做一个帐篷。这帐篷其实是一个用薄绸做成的小球，由几片叶子支持着。在一天最热的时候，它们便躲在帐篷里休息，到下午凉快的时候才出来觅食。

①外貌描写、动作描写，介绍了小松毛虫头部、身体的形状，以及吃东西时的可爱样子。

你看松毛虫从卵里孵化出来还不到一个小时，却已经会做许多工作了：吃针叶、排队和搭帐篷，仿佛没出娘胎就已经学会了似的。

②二十四小时后，帐篷已经像一个榛仁那么大。两星期后，就有一个苹果那么大了。不过这毕竟是一个暂时的夏令营。冬天快到的时候，它们就要造一个更大更结实的帐篷。它们边造边吃着帐篷范围以内的针叶。也就是说，它们的帐篷同时解决了它们的吃住问题。这的确是一个一举两得的好办法。这样它们就可以不必特意到帐篷外去觅食。

②叙述，介绍了不同时间、不同季节松毛虫的帐篷的区别，说明了它是随着时间、季节的变化而变化的。

因为它们还很小，如果贸然跑到帐篷外，是很容易碰到危险的。

当它们把支持帐篷的树叶都吃完了以后，帐篷就要塌了。于是，像那些择水草而居的阿拉伯人一样，全家会搬到一个新的地方安居乐业。在松树的高处，它们又筑起了一个新的帐篷。它们就这样辗转迁徙着，有时候竟能到达松树的顶端。

[1]也就是这时候，松毛虫改变了它们的服装。它们的背上面长了六个红色的小圆斑，小圆斑周围环绕着红色和绯红色的毛。红斑的中间又分布着金色的小斑。而身体两边和腹部的毛都是白色的。

[1] 外貌描写，通过背上圆斑以及毛色的变化，来说明松毛虫正在成长。

到了十一月，它们开始在松树的高处、木枝的顶端筑起冬季帐篷来。它们用丝织的网把附近的松叶都网起来。树叶和丝合成的建筑材料能增加建筑物的坚固性。[2]全部完工的时候，这帐篷的大小相当于半加仑的容积，它的形状像一个蛋。巢的中央是一根乳白色的极粗的丝带，中间还夹杂着绿色的松叶。顶上有许多圆孔，是巢的门，毛毛虫们就从这里爬进爬出。帐篷外的松叶的顶端有一个用丝线结成的网，下面是一个阳台。松毛虫常聚集在这儿晒太阳。它们晒太阳的时候，像叠罗汉似的堆成一堆，上面张着的丝线用来减弱太阳光的强度，使它们不至于被太阳晒得过热。

[2] 叙述，介绍了松毛虫冬季帐篷的形状、中间的绿松叶等。

松毛虫的巢里并不是一个整洁的地方，这里面满是杂物的碎屑，毛虫们蜕下来的皮，以及其他各种垃圾，真的可以称作是“败絮其中”。

[3]松毛虫整夜歇在巢里，早晨十点左右出来，到阳台上集合，大家堆在一起，在太阳底下打盹。它们就这样消磨掉整个白天。它们会时不时地摇摆着头以表示它们的快乐和舒适。到傍晚六七点钟光景，这班瞌睡虫都醒了，各自

[3] 叙述，介绍了松毛虫在阳台上消磨时间的光景，以及对这种生活的态度。

从门口回到自己家里。

它们一面走一面嘴上吐着丝。所以无论走到哪里，它们的巢总是越变越大，越来越坚固。它们在吐着丝的时候还会把一些松叶掺杂进去加固。每天晚上总有两个小时左右的时间做这项工作。它们早已忘记夏天了，只知道冬天快要来了，所以每一条松毛虫都抱着愉快而紧张的心情工作着，它们似乎在说：

[1]“松树在寒风里摇摆着它那带霜的枝丫的时候，我们将彼此拥抱着睡在这温暖的巢里！多么幸福啊！让我们满怀希望，为将来的幸福努力工作吧！”

不错，亲爱的毛毛虫们，我们人类也和你们一样，为了求得未来的平静和舒适而孜孜不倦地劳动。让我们怀着希望努力工作吧！你们为你们的冬眠而工作，它能使你们从幼虫变为蛾；我们为我们最后的安息而工作，它能消灭旧的生命，同时创造出新的生命。让我们一起努力工作吧！

❶ 语言描写，表现了松毛虫对冬天生活充满了希望，说明了它具有积极乐观的个性。

毛虫队

有一个老故事，说是有一只羊被人从船上扔到了海里，于是其余的羊也跟着跳下海去。[2]“因为羊有一种天性，那就是它们永远要跟着头一只羊，不管走到哪里。因此，亚里士多德曾批评羊是世界上最愚蠢、最可笑的动物。”那个讲故事的人这样说。

松毛虫也具有这种天性，而且比羊还要强烈。[3]第一只到什么地方去，其余的都会依次跟着去，排成一条整齐的队伍，中间不留一点儿空隙。它们总是排成单行，后一只的须触到前一只的尾。为首的那只，无论它怎样打转和

❷ 叙述，介绍了羊跟从其同类的这一天性，为后面介绍松毛虫的天性做了铺垫。

❸ 动作描写，介绍了松毛虫跟从的天性，以及由此而延伸出的奢侈筑路法。

歪歪斜斜地走，后面的都会照它的样子做，无一例外。第一只松毛虫一面走一面吐出一根丝，第二只毛虫踏着第一只松毛虫吐出的丝前进，同时自己也吐出一条丝加在第一条丝上，后面的毛虫都依次效仿，所以当队伍走完后，就有一条很宽的丝带在太阳下放着耀眼的光彩。这是一种很奢侈的筑路方法。我们人类筑路的时候，用碎石铺在路上，然后用极重的蒸汽滚筒将它们压平，又粗又硬但非常简便。而松毛虫，却用柔软的缎子来筑路，又软又滑但花费也大。

这样的奢侈有什么意义吗？它们为什么不能像别的虫子那样免掉这种豪华的设备，简朴地过一生呢？我替它们总结出两条理由：[①]松毛虫出去觅食的时间是在晚上，而它们必须经过曲曲折折的道路。它们要从一根树枝爬到另一根树枝上，要从针叶尖上爬到细枝上，再从细枝爬到粗枝上。如果它们没有留下丝线作路标，那么它们很难找回自己的家，这是最基本的一条理由。

① 动作描写，通过松毛虫出去觅食时的一些动作的描写，来说明它用柔软的缎子来筑路的原因。

有时候，在白天它们也要排着队作长距离的远征，可能经过三十码左右的长距离。它们这次可不是去找食物，而是去旅行，去看看世界，或者去找一个地方，作为它们将来蛰伏的场所。因为在变成蛾子之前，它们还要经过一个蛰伏期。在做这样长途旅行的时候，丝线这样的路标是不可缺少的。

[②]在树上找食物的时候，它们或许是分散在各处，或许是集体活动，反正只要有丝线作路标，它们就可以整齐一致地回到巢里。要集合的时候，大家就依照着丝线的路径，从四面八方匆匆聚集到大队伍中来。所以这丝带不仅仅是一条路，而且是使一个大团体中各个分子行动一致的一条绳索。这便是第二条理由。

② 动作描写，通过松毛虫树上找食物后，或分散，或集合的动作，来说明丝带的重要性。

每一队总有一个领头的松毛虫，无论是长的队还是短的队。它为什么能做“领袖”则完全出自偶然，没有谁指定，也没有公众选举，今天你做，明天它做，没有一定的规则。

毛虫队里发生的每一次变故常常会导致次序的重新排列。比如说，如果队伍突然在行进过程中散乱了，那么重新排好队后，可能是另一只松毛虫成了“领袖”。尽管每一位“领袖”都是暂时的、随机的，但一旦做了“领袖”，它就摆出“领袖”的样子，承担起一个“领袖”应尽的责任。①当其余的松毛虫都紧紧地跟着队伍前进的时候，这位“领袖”趁队伍调整的间隙摇摆着自己的上身，好像在做什么运动，又好像在调整自己——毕竟，从“平民”到“领袖”，可是一个不小的飞跃，它得明确自己的责任，不能和刚才一样，只需跟在别人后面就行了，当它自己前进的同时，它就不停地探头探脑地寻找路径。它真是在察看地势吗？它是不是要选一个最好的地方？还是它突然找不到引路的丝线，所以犯了疑？看着它那又黑又亮，活像一滴柏油似的小脑袋，我实在很难推测它真的在想什么。我只能根据它的一举一动，做一些简单的联想。我想它的这些动作是帮助它辨出哪些地方粗糙，哪些地方光滑，哪些地方有尘埃，哪些地方走不过去。当然，最主要的是辨出那条丝带朝着哪个方向延伸。

①动作描写，通过描写“领袖”趁队伍调整的间隙摇摆着自己的上身等动作，说明了它的工作方法。

②松毛虫的队伍长短不一，相差悬殊，我所看到的最长的队伍有十二码或十三码，其中包含二百多只松毛虫，排成极为精致的波纹形的曲线，浩浩荡荡的，最短的队伍一共只有两条松毛虫，它们仍然遵从原则，一只紧跟在另一只的后面。

②叙述，介绍了松毛虫队伍的长短与曲线，再次强调了它所遵从的跟从原则。

有一次，我决定要和我养在松树上的松毛虫开一次玩笑，我要用它们的丝替它们铺一条路，让它们依照我所设想的路线走。既然它们只会不假思索地跟着别人走，那么如果我把这路线设计成一个既没有始点也没有终点的圆，它们会不会在这条路上不停地打转转呢？

一个偶然的发现帮助我实现了这个计划。在我的院子里有几个栽棕树的大花盆，盆的圆周大约有一码半长。松毛虫们平时很喜欢爬到盆口的边沿，而那边沿恰好是一个现成的圆周。

①动作描写、心理描写，描写了毛虫在盆沿上前行的动作，以及作者内心的期盼。

[1]有一天，我看到很大一群毛虫爬到花盆上，渐渐地来到它们最为得意的盆沿上。慢慢地，这一队毛虫陆陆续续到达了盆沿，在盆沿上前进着。我等待并期盼着队伍形成一个封闭的环，也就是说，等第一只毛虫绕过一圈而回到它出发的地方。一刻钟之后，这个目的达到了。现在有整整一圈的松毛虫在绕着盆沿走了。第二步工作是，必须把还要上来的松毛虫赶开，否则它们会提醒原来盆沿上的那群虫走错了路线，从而扰乱试验。要使它们不走上盆沿，必须把从地上到花盆间的丝拿走。于是我就把还要继续上去的毛虫拨开，然后用刷子把丝线轻轻刷去，这相当于截断了它们的通道。这样下面的毛虫再也上不去，上面的再也找不到回去的路。这一切准备就绪后，我们就可以看到一幕有趣的景象在眼前展开了：

一群毛虫在花盆沿上一圈一圈地转着，现在它们中间已经没有"领袖"了。因为这是一个封闭的圆周，不分起点和终点，谁都可以算"领袖"，谁又都不是"领袖"，可它们自己并不知道这一点。

阅读心得

丝织和轨道越来越粗了，因为每条松毛虫都不断地把自己的丝加上去。除了这条圆周路之外，再也没有别的什么岔路了，难道它们要这样无止境地一圈一圈绕着走，直到累死为止？

旧派的学者都喜欢引用这样一个故事："有一头驴子，它被安放在两捆干草中间，结果它竟然饿死了。因为它决定不出应该先吃哪一捆。"其实现实中的驴子不比别的动物愚蠢，它舍不得放弃任何一捆的时候，会把两捆一起吃掉。我的毛虫会不会表现得聪明一点呢？它们会离开这封闭的路线吗？我想它们一定会的。我安慰自己说：

①"这队伍可能会继续走一段时间，一个钟头或两个钟头吧。然后，到某个时刻，毛虫自己就会发现这个错误，离开那个可怕的骗人的圈子，找到一条下来的路。"

① 语言描写，表现了作者希望毛毛虫离开可怕圈子的愿望。

而事实上，我那乐观的设想错了，我太高估了我的毛虫们了。如果只要没有东西阻挠它们，它们就会不顾饥饿一直在那儿打圈子，那么它们就蠢得令人难以置信（nán yǐ zhì xìn，置：使得，让。信：相信。事情发生得出乎意料，让人难以相信）了。然而，事实上，它们的确有这么蠢。

②松毛虫们继续着它们的行进，接连走了好几个钟头。到了黄昏时分，队伍就走走停停，它们走累了。当天气逐渐转冷时，它们也逐渐放慢了行进的速度。到了晚上十点钟左右，它们继续在走，但脚步明显慢了下来，好像只是懒洋洋地摇摆着身体。进餐的时候到了，别的毛虫都成群结队地走出来吃松叶。可是花盆上的虫子们还在坚持不懈地走。它们一定以为马上可以到目的地和同伴们一起进晚餐了。走了十个钟头，它们一定又累又饿，食欲极好。一棵松树离它们不过几寸远，它们只要从花盆上下来，就可以到达松树，美美地吃上一顿松叶了。但这些可怜的家伙已经成了自己吐的丝的奴隶了，它们实在离不开它，它们一定像看到了海市蜃楼一样，总以为马上可以到达目的地，而事实上还远着呢！十点半的时候，我终于没有耐心了，离开它们去睡我的觉。我想在晚上的时候它们可能清醒些。

② 动作描写，通过不同时间段松毛虫的动作，表现了它们的疲惫与对于目标的执着。

❶ 叙述，通过排着队、停着、停止等动作，表现了松毛虫对于兜圈子的执着。

❷ 心理描写，描写作者看到毛虫左右试探样子时的心情。

[①]可是第二天早晨，等我再去看它们的时候，它们还是像昨天那样排着队，但队伍是停着的。晚上太冷了，它们都蜷起身子取暖，停止了前进。等空气渐渐暖和起来后，它们恢复了知觉，又开始在那儿兜圈子了。

第三天，一切还都像第二天一样。这天夜里非常冷，可怜的毛虫又受了一夜的苦。我发现它们在花盆沿分成两堆，谁也不想再排队。它们彼此紧紧地挨在一起，为的是可以暖和些。现在它们分成了两队，按理说每队该有一个自己的“领袖”，可以不必跟着别人走，各自开辟一条生路了。[②]我真为它们感到高兴。看到它们那又黑又大的脑袋迷茫地向左右试探的样子，我想不久以后它们就可以摆脱这个可怕的圈子了。可是不久我发现自己又错了。当这两支分开的队伍相逢的时候，又合成一个封闭的圆圈，于是它们又开始整天兜圈子，丝毫没有意识到错过了一个绝佳的逃生机会。

后来的一个晚上还是很冷。这些松毛虫又都挤成了一堆，有许多毛虫被挤到丝织轨道的两边，第二天一觉醒来，发现自己在轨道外面，就跟着轨道外的一个“领袖”走，这个“领袖”正在往花盆里面爬。这队离开轨道的冒险家一共有七位，而其余的毛虫并没有注意它们，仍然在兜圈子。

到达花盆里的毛虫发现那里并没有食物，于是只好垂头丧气地依照丝线指示的原路回到了队伍里，冒险失败了。如果当初选择的冒险道路是朝着花盆外面而不是里面的话，情形就截然不同了。

一天又过去了，这以后又过了一天。第六天是很暖和的。我发现有几个勇敢的“领袖”，它们热得实在受不住了，于是用后脚站在花盆最外的边沿上，做着要向空中跳出去的姿势。最后，其中的一只决定冒一次险，它从花盆

沿上溜下来，可是还没到一半，它的勇气便消失了，又回到花盆上，和同胞们共甘苦。这时盆沿上的毛虫队已不再是一个完整的圆圈，而是在某处断开了。也正是因为有了一个唯一的"领袖"，才有了一条新的出路。[①]两天以后，也就是这个试验的第八天，由于新道路的开辟，它们已开始从盆沿上往下爬，到日落的时候，最后一只松毛虫也回到了盆脚下的巢里。

我计算了一下，它们一共走了四十八个小时。绕着圆圈走过的路程在二百五十米以上。只有在晚上寒冷的时候，队伍才没有了秩序，使它们离开轨道，几乎安全到达家里。可怜无知的松毛虫啊！有人总喜欢说动物是有理解力的，可是在它们身上，我实在看不出这个优点。不过，它们最终还是回到了家，而没有活活饿死在花盆沿上，说明它们还是有点儿头脑的。

① 动作描写，介绍了第八天时，毛虫通过从盆沿下爬，最终回到巢里的情形。

松毛虫能预测气候

[②]在正月里，松毛虫会蜕第二次皮。它不再像以前那么美丽了，不过有失也有得，它添了一种很有用的器官。现在它背部中央的毛变成暗淡的红色了。由于中央还夹杂着白色的长毛，所以看上去颜色更淡了。这件褪了色的衣服有一个特点，那就是在背上有八条裂缝，像口子一般，可以随毛虫的意图自由开闭。当这种裂缝开着的时候，我们可以看到每条口子里有一个小小的"瘤"。小小的"瘤"非常灵敏，稍稍有一些动静它就消失了。这些特别的口子和"瘤"有什么用处呢？当然不是用来呼吸的。

[③]冬天和晚上的时候，是松毛虫们最活跃的时候，但是

② 外貌描写，介绍了松毛虫脱第二次皮后，它身体的变化，特别介绍了它每条口子的"瘤"。

③ 叙述，介绍了不同天气中，松毛虫的不同表现，为下面它们是怎样预测天气作铺垫。

如果北风刮得太猛烈的话，天气冷得太厉害，而且会下雨、下雪或是雾厚得结成了冰屑，在这样的天气里，松毛虫总会谨慎地待在家里，躲在那雨水不能穿透的帐篷下面。

松毛虫们最怕坏天气，一滴雨就能使它们发抖，一片雪花就能惹起它们的怒火。如果能预先料到这种坏天气，那么，对松毛虫的日常生活是非常有意义的。让我来告诉你它们是怎样预测天气的吧！

我发现，每当报纸上预告气压来临的时候，比如暴风雨将要来临的时候，我的松毛虫总躲在巢里。虽然它们的巢暴露在坏天气中，可风啊、雨啊、雪啊、寒冷啊，都不能影响它们。有时候它们能预报雨天以后的风暴。①它们这种推测天气的天赋，不久就得到我们全家的承认和信任。每当我们要进城去买东西的时候，前一天晚上总要先去征求一下松毛虫们的意见，我们第二天去还是不去，完全取决于这个晚上松毛虫的举动，它成了我们家的“小小气象预报员”。

①叙述，介绍了作者一家对松毛虫预报天气本领的认可。

所以，想到它的小孔，我推测松毛虫的第二套服装似乎给了它一个预测天气的本领。②这种本领很可能是与那些能自由开闭的口子息息相关。它们时时张开，取一些空气作为样品，放到里面检验一番，如果从这空气里测出将有暴风雨来临，便立刻发出警告。

②叙述，介绍了作者对于松毛虫为何可以预测天气本领的推测。

松　蛾

三月到来的时候，松毛虫们纷纷离开巢所在的那棵松树，做最后一次旅行。③三月二十日那天，我花了整整一个早晨，观察了一队三码长，包括一百多只毛虫在内的毛虫队。它们衣服的颜色已经很淡了。队伍很艰难地徐徐地前

③叙述，介绍了作者花了一个早晨所观察的景象，表现了松毛虫们最后一次旅行时，旅途的艰难。

进着，爬过高低不平的地面后，就分成了两队，成为两支互不相关的队伍，各分东西。

阅读心得

目前，它们有极为重要的事情要做。队伍行进了两小时光景，到达一个墙角下，那里的泥土又松又软，极容易钻洞。为首的那条松毛虫一面探测，一面稍稍地挖一下泥土，似乎在测定泥土的性质。其余的松毛虫对领袖百分之一百地服从，因此，只是盲目地跟从着它，全盘接受“领袖”的一切决定，也不管自己喜欢不喜欢。最后，领头的松毛虫终于找到了一处它自己挺喜欢的地方，于是停下脚步。①接着其余的松毛虫都走出队伍，成为乱哄哄的一群虫子，仿佛接到了“自由活动”命令，再也不要规规矩矩地排队了。所有的虫子的背部都杂乱地摇摆着，所有的脚都不停地耙着，所有的嘴巴都挖着泥土，渐渐地它们终于挖出了安葬自己的洞。到某个时候，打过地道的泥土裂开了，就把它们埋在里面。于是一切又都恢复平静了。现在，毛虫们是葬在离地面三寸的地方，准备着织它们的茧子。

① 动作描写，通过杂乱地摇摆、不停地耙着等动作与排比修辞，再现了松毛虫们为自己挖洞的行为与情景。

两星期后，我往地面下挖土，又找到了它们。它们被包在小小的白色丝袋里，丝袋外面还沾染着泥土。有时候，由于泥土土质的关系，它们甚至能把自己埋到九寸以下的深处。

可是那柔软的、翅膀脆弱而触须柔软的蛾子是怎么从下面上来到达地面的呢？它一直要到七八月才出来。那时候，由于风吹雨打，日晒雨淋，泥土早已变得很硬了。

我弄了一些茧子放到实验室的试管里，以便看得更仔细些。我发现松蛾在钻出茧子的时候，有一个蓄势待发的姿势，就像短跑运动员起跑前的下蹲姿势一样。②它们把它美丽的衣服卷成一捆，自己缩成一个圆底的圆柱形，它的翅膀紧贴在脚前，像一条围巾一般，它的触须还没有张开，于是把它们弯向后方，紧贴在身体的两旁。它身上的毛发向后躺平，只

② 动作描写，通过描写松蛾在钻出茧子之前身体的姿势与动作，来说明它为钻出泥土所做的准备。

有腿是可以自由活动的，为的是可以帮助身体钻出泥土。

虽然有了这些准备，但对于挖洞来说，还远远不够，它们还有更厉害的法宝呢！如果你用指尖在它头上摸一下，你就会发现有几道很深的皱纹。我把它放在放大镜下，发现那是很硬的鳞片。在额头中部顶上的鳞片是所有鳞片中最硬的。这多像一个回旋钻的钻头呀！在我的试管里，我看到蛾子用头轻轻地这边撞撞，那边碰碰，想把沙块钻穿。到第二天，它们就能钻出一条十寸长的隧道通到地面上来了。

最后，蛾子终于到达了泥土外面，只见它缓缓地展开它的翅膀，伸展它的触须，将毛发弄蓬松。现在它已打扮好了，完全是一只漂亮又自由自在的蛾子了。尽管它不是所有蛾子中最美丽的一种，但它的确已经够漂亮了。你看，[①]它的前翅是灰色的，上面嵌着几条棕色的曲线，后翅是白色的，腹部盖着淡红色的绒毛。颈部围着小小的鳞片，又因为这些鳞片挤得很紧密，所以，看上去非常像一套华丽的盔甲。如果我们用针尖去刺激这些鳞片，无论我们的动作多么轻微，立刻会有无数的鳞片飞扬起来。这种鳞片就是松蛾用来盛卵的小筒。

① 外貌描写，介绍了蛾子漂亮的外形。

喧宾夺主　难以置信

最后，蛾子终于到达了泥土外面，只见它缓缓地展开它的翅膀，伸展它的触须，将毛发弄蓬松。

第二十一章 卷心菜毛虫和孔雀蛾

名师导读

大白蝴蝶毛虫喜食卷心菜类的叶子，一片卷心菜田没多少日子就会被它吃光。孔雀蛾是一种长得很漂亮的蛾，它喜食杏叶。

卷心菜毛虫的故事

①可以说，卷心菜是所有的蔬菜中最为古老的一种，古时候人们就已经开始吃它了。而实际上在人类开始吃它之前，它已经在地球上存在了很久很久，所以，我们实在是无法知道它究竟是什么时候出现的，又是什么时候人类第一次种植它，用的又是什么方法。植物学家告诉我们，它最初是一种长茎、小叶、长在滨海悬崖的野生植物。

②有一种普通大白蝴蝶的毛虫，是靠卷心菜生长的。它们吃卷心菜皮及其一切和卷心菜相似的植物叶子，像花椰菜、白菜芽、大头菜，以及瑞典萝卜等，它们似乎生来就与这种样子的菜类有不解之缘。

白蝴蝶每年要成熟两次。一次是在四五月里，一次是在十月，这正是我们这里卷心菜成熟的时候。③白蝴蝶的卵是淡橘黄色的，聚成一片，有时候产在叶子朝阳的一面，有时候产在叶子背着阳光的一面。大约一星期后，卵就变

① 叙述，介绍了卷心菜存在的时间、外形等，说明了它是一种很古老的植物。

② 叙述，介绍了大白蝴蝶毛虫喜食卷心菜类的叶子，说明了它饮食的特性。

③ 叙述，介绍了大白蝴蝶毛虫卵的颜色以及它吃卵壳的习性。

成了毛虫，毛虫出来后第一件事就是把这卵壳吃掉。我不止一次看到幼虫自己会把卵壳吃掉，但不知道它为什么这样做。我的推测是这样的：卷心菜的叶片上有蜡，滑得很，为了使自己走路的时候不至于滑倒，它必须弄一些细丝来攀缠住自己的脚，而要做出丝来，需要一种特殊的食物。所以，它要把卵壳吃掉。

不久，小毛虫就要尝尝绿色植物了。卷心菜的灾难也就此开始了。它们的胃口多好啊！我从一棵最大的卷心菜上采来一大把叶子去喂我养在实验室的一群幼虫，可是两个小时后，除了叶子中央粗大的叶脉之外，已经什么都不剩了。照这样的速度吃起来，这一片卷心菜田没多少日子就会被吃完了。

[①]这些贪吃的小毛虫，除了偶尔有一些伸胳膊挪腿的休息动作外，什么都不做，就知道吃。当几只毛虫并排地在一起吃叶子的时候，你有时候可以看见它们的头一起活泼地抬起来，又一起活泼地低下去。就这样一次次重复着，动作非常整齐，好像普鲁士士兵在操练一样。

① 动作描写，通过将头抬起来、低下去等动作描写，说明它食菜叶时一个特殊的习性。

吃了整整一个月，它们终于吃够了。于是，就开始往各个方向爬。一面爬，一面把前身仰起，做出在空中探索的样子，似乎是在做伸展运动，为了帮助消化和吸收吧！现在，天气已经开始转冷了，所以我把我的毛虫客人们都安置在花房里，让花房的门开着。可是，令我惊讶的是，有一天我发现，这群毛虫都不见了。

后来，我在附近各处的墙脚下发现了它们。[②]那里离花房差不多有三十码的距离。它们都栖在屋檐下，那里将要或为它们冬季的居所了。卷心菜毛虫长得非常壮实健康，应该不会十分怕冷。

② 叙述，介绍了大白蝴蝶毛虫冬天的居所，表现了它不怕冷的特性。

就在这居所里，它们织起茧子，变成蛹。来年春天，就有蛾从这里飞出来了。

听着这卷心菜毛虫的故事，我们也许会感到非常有趣。可是如果我们任凭它大量繁殖，那么我们很快就会没有卷心菜吃了。所以，当我们听说有一种昆虫，专门猎取卷心菜毛虫，我们并不感到痛惜。

阅读心得

如果卷心菜毛虫是我们的敌人，那么那种卷心菜毛虫的敌人就是我们的朋友了。但它们长得那样细小，科学家们称它为“小侏儒”，它们又都喜欢埋头默默无闻地工作，使得园丁们非但不认识它们，甚至连听都没听说过它们。

春季，如果我们走到菜园里去，一定可以看见在墙上或篱笆脚下的枯草上，有许多黄色的小茧子，聚集成一堆一堆的，每堆有一个榛仁那么大。每一堆的旁边都有一条毛虫，有时候是活的，有时候是死的，看上去大都很不完整，这些小茧子就是“小侏儒”的工作成果，它们是吃了可怜的毛虫之后才长大的，那些毛虫的残尸也是“小侏儒”们剥下的。

[1]这种“小侏儒”比幼虫还要小。当卷心菜毛虫在菜上产下橘黄色的卵后，“小侏儒”的蛾就立刻赶去，靠着自己坚硬的刚毛的帮助，把自己的卵产在卷心菜毛虫的卵膜表面上。一只毛虫的卵里，往往可以有好几个“小侏儒”跑去产卵。照它们卵的大小来看，一只毛虫差不多相当于六十五只“小侏儒”。

❶ 叙述，介绍了“小侏儒”产卵的地点以及数量等。

当这毛虫长大后，它似乎并不感到痛苦。它照常吃着菜叶，照常出去游历，寻找适宜做茧子的场所。它甚至还能开展工作，但是它显得非常萎靡、非常无力，经常无精打采的，渐渐地消瘦下去，最后终于死去。那是当然的，有那么一大群“小侏儒”在它身上“吸血”呢！毛虫们尽职地活着，直到身体里的“小侏儒”准备出来的时候。它们从毛虫的身体里出来后就开始织茧，最后变成蛾，破茧而出。

孔雀蛾

❶ 外貌描写，描写了孔雀蛾全身的毛色、眼睛以及它的前身，说明它的外表非常漂亮。

孔雀蛾是一种长得很漂亮的蛾。[①]它们中最大的来自欧洲，全身披着红棕色的绒毛，脖子上有一个白色的领结，翅膀上有灰色和褐色的小点儿。横贯中间的是一条淡淡的锯齿形的线，翅膀周围有一圈灰白色的边，中央有一个大眼睛，有黑得发亮的瞳孔和许多色彩镶成的眼帘，包括黑色、白色、栗色和紫色的弧形线条。这种蛾是由一种长得极为漂亮的毛虫变来的，它们的身体以黄色为底色，上面嵌着蓝色的珠子。它们靠吃杏叶为生。

五月六日的早晨，在我的昆虫实验室里的桌子上，我看到一只雌的孔雀蛾从茧子里钻出来。我马上把它罩在一个金属丝做的钟罩里。我这么做没有别的什么目的，只是一种习惯而已。我总是喜欢搜集一些新鲜的事物，把它们放到透明的钟罩里细细欣赏。

后来，我很为自己的这种方法庆幸。因为我获得了意想不到的收获，在晚上九点钟左右，当大家都准备上床睡觉的时候，隔壁的房间里突然发出很大的声响。

❷ 动作描写，描写了小保罗听到声响后的动作，以及所看到的孔雀蛾的大小与数量。

[②]小保罗衣服都没穿好，在屋里奔来跑去，疯狂地跳着、顿着足、敲着椅子。我听到他在叫我：

“快来快来！”他喊道，“快来看这些蛾子，像鸟一样大，满房间都是！”

❸ 动作描写，描写了大蛾子在房间内飞舞的情景。

我赶紧跑进去一看，孩子的话一点儿也不夸张。我们立刻下楼，来到我的书房。我们点着蜡烛走进书房，书房的一扇窗开着。我们看到了难忘的一幕情景：[③]那些大蛾子轻轻地拍着翅膀，绕着那钟罩飞来飞去。一会儿飞上，一会儿飞下，一会儿飞出去，一会儿又飞回来，一会儿冲到天花

板上，一会儿又俯冲下来。它们向蜡烛扑来，用翅膀把它扑灭。它们停在我们的肩上，扯我们的衣服，咬我们的脸。

一共有多少蛾子？这个房间里大约有二十只，加上别的房间里的，至少在四十只以上。四十个情人来向这位那天早晨才出生的新娘致敬——这位关在象牙塔里的公主！

在那一个星期里，每天晚上这些大蛾总要来朝见它们美丽的公主。那时候，正是暴风雨的季节，晚上黑得伸手不见五指。我们的屋子又被遮蔽在许多大树后面，很难找到。它们经过这么黑暗和艰难的路程，历尽困苦来见它们的女王。

[1]在这样恶劣的天气，连那凶狠强壮的猫头鹰都不敢轻易离开巢，可孔雀蛾却能果断地飞出来，而且不受树枝的阻挡，顺利到达目的地。它们是那样的无畏，那样的执着，以至于到达目的地的时候，它们身上没有一个地方被刮伤，哪怕是细微的小伤口也没有。这个黑夜对它们来说，如同大白天一般。

孔雀蛾一生中唯一的目的就是找配偶，为了这一目标，它们继承了一种很特别的天赋：不管路途多么远，路上怎样黑暗，途中有多少障碍，它们总能找到它们的对象。它们在一生中大概有两三个晚上可以每晚花费几个小时去找它们的对象。如果在这期间它们找不到对象，那么，它们的一生也将结束了。

① 心理描写，写出孔雀蛾在恶劣天气勇敢飞翔，在这里作者用“无畏”“执着”等词表达了对它的赞美之情。

默默无闻　无精打采

不管路途多么远，路上怎样黑暗，途中有多少障碍，它们总能找到它们的对象。

第二十二章　条纹蜘蛛

名师导读

条纹蜘蛛有着美丽的巢。为了防止巢里面的卵被冻坏，条纹蜘蛛不仅使巢远离地面或藏在枯草丛里，还装有一些专门的保暖设备。它还是一个不挑食的家伙，它捕获猎物的武器便是那张大网，它可以把自己制造的丝质的锁链绵绵不断地缠到蝗虫身上，一副不够，第二副立即跟着抛上来，第三副、第四副……

不管是谁，大概都不会喜欢冬季。在这个季节里，许多虫子都在冬眠。不过这并不说明你就没有什么虫子可观察了。这时候，如果有一个观察者在阳光所能照到的沙地里寻找，或是搬开地下的石头，或是在树林里搜索，他总能找到一种非常有趣的东西，那是一件真正的艺术品。那些有幸欣赏到这件艺术品的人真是幸福。在一年将要结束的时候，发现这件艺术品的喜悦使我忘记了一切不快，忘记了一天比一天更糟的天气。

如果有人在野草丛里或柳树丛里搜索的话，我祝福他能找到一种神秘的东西——条纹蜘蛛的巢。正像我眼前所呈现的一样。

①无论从举止还是从颜色上讲，条纹蜘蛛是我所知道的蜘蛛中最完美的一种。在它那胖胖的像榛仁一般大小的身体上，有着黄、黑、银三色相间的条纹，所以它的名字

① 外貌描写，介绍了条纹蜘蛛身体的大小、条纹颜色、八只脚的形状，说明了它外在的特点。

叫条纹蜘蛛。它们的八只脚环绕在身体周围，好像车轮的辐条。

几乎什么小虫子它都爱吃。不管那是蝗虫跳跃的地方还是苍蝇盘旋的地方，是蜻蜓跳舞的地方还是蝴蝶飞翔的地方。①只要它能找到攀网的地方，它就会立刻织起网来。它常常把网横跨在小溪的两岸，因为那种地方猎物比较丰盛。有时候它也在长着小草的斜坡上或榆树林里织网，因为那里是蚱蜢的乐园。

① 动作描写，描写了条纹蜘蛛织网的地方以及选择这些地方的理由。

它捕获猎物的武器便是那张大网，网的周围攀在附近的树枝上。②它的网和别种蜘蛛的网差不多：放射形的蛛丝从中央向四周扩散，然后，在这上面连续地盘上一圈圈的螺线，从中央一直到边缘，整张网做得非常大，而且整齐对称。

② 叙述，介绍了条纹蜘蛛所织的网的形状、特点，说明了它与众不同之处。

在网的下半部，有一根又粗又宽的带子，从中心开始沿着辐线一曲一折，直到边缘，这是它的作品的标记，也是它在作品中的一种签名。同时，这种粗的折线也能增加网的坚固性。

网需要做得很牢固，因为有时候猎物的分量很重，它们一挣扎，很可能会把网撑破。而蜘蛛自己不会选择或捕捉猎物，所以，只能不断地改进自己的大网以捕获更多的猎物。③它静静地坐在网的中央，把八只脚撑开，为的是能感觉到网的每一个方向的动静。摆好阵势后，它就等候着，看命运会赐予它什么：有时候是那种微弱到无力控制自己飞行的小虫；有时候是那种强大而鲁莽的昆虫，在做高速飞行的时候一头撞在网上。有时候它好几天一无所获，有时候它的食物会丰盛得好几天都吃不完。

③ 动作描写、神态描写，介绍了条纹蜘蛛在网中捕捉猎物时的姿势。

蝗虫，尤其是火蝗，它控制不了自己腿部的肌肉，于是常常跌进网中。你可能会想，蜘蛛的网一定受不住蝗虫的冲撞，因为蝗虫的个头要比蜘蛛大得多，只要它用脚一蹬，立刻就可以把网蹬出一个大洞，然后逃之夭夭。其实，情况并不是这样的，如果在第一下挣扎之后不能逃出的话，那么，它就再也没有逃生的希望了。

条纹蜘蛛并不急于吃掉蝗虫，而是用它全部的丝囊同时射出丝花，再用后腿把射出来的丝花捆起来。[①]它的丝囊是制造丝的器官，上面有细孔，像喷水壶的莲蓬头一般。它的后腿比其余的腿要长，而且能张得很开，所以，射出的丝能分散得很开。这样，它从腿间射出来的丝已不是一条条单独的丝了，而是一片丝，像一把云做的扇子，有着虹霓一般的色彩。然后它就用两条后腿很快地交替着把这种薄片，或者说是裹尸布吧，一片片地向蝗虫撒去，就这样把蝗虫完全缠住了。

① 细节描写，作者详细地介绍了条纹蜘蛛的丝囊，以及它用丝缠住蝗虫的动作与过程。

这不由得让我想起了古时候的角斗士。[②]每逢要和强大的野兽角斗的时候，他们总是把一个网放在自己的左肩上，当野兽扑过来时，他右手一挥，就能敏捷地把网撒开，就像能干的渔夫撒网捕鱼那样，把野兽困在网里，再加上三叉戟一刺，就把它的性命结果了。

② 动作描写，描写了古代角斗士与野兽角斗的过程，说明了角斗士是撒网高手。

蜘蛛用的也是这种方法。而且它还有一个绝招是人类所没有的：它可以把自己制造的丝质的锁链绵绵不断地缠到蝗虫身上，一副不够，第二副立即跟着抛上来，第三副、第四副……直到它所有的丝用完为止。

当那白丝网里的囚徒决定放弃抵抗、坐以待毙的时候，蜘蛛便得意扬扬地向它走过去，它有一个比角斗士的三叉戟还厉害的武器，那就是它的毒牙。它用它的毒牙咬住蝗虫，美滋滋地饱餐一顿，然后回到网中央，继续等待下一个自己送上门来的猎物。

蜘蛛的巢

蜘蛛在母性方面的表露甚至比猎取食物时所显示的天才更令人叹服。[1]它的巢是一个丝织的袋，它的卵就产在这个袋里。它这个巢要比鸟类的巢神秘，形状像一个倒置的气球，大小和鸽蛋差不多，底部宽大，顶部狭小，顶部是削平的，围着一圈扇形的边。整个看来，这是一个用几根丝支撑着的蛋形的物体。

巢的顶部是凹形的，上面像盖着一个丝盖碗。巢的其他部分都包裹着一层又厚又细嫩的白缎子，点缀着一些丝带和一些褐色或黑色的花纹。我们立刻可以猜到这一层白缎子的作用，它是防水的，雨水或露水都不能浸透它。

为了防止里面的卵被冻坏，仅仅使巢远离地面或藏在枯草丛里是远远不够的，还必须有一些专门的保暖设备。让我们用剪刀把包在外面的这层防雨缎子剪开来看看。[2]在这下面我们发现了一层红色的丝。这层丝不是像通常那样的纤维状，而是很蓬松的一束。这种物质，比天鹅绒还要软，比冬天的火炉还要暖和，它是未来的小蜘蛛们的安乐床。小蜘蛛们在这张舒适的床上就不会受到寒冷空气的侵袭了。

在巢的中央有一个锤子一样的袋子，袋子的底部是圆的，顶部是方的，有一个柔嫩的盖子盖在上面。这个袋子是用非常细软的缎子做成的，里面就藏着蜘蛛的卵。[3]蜘蛛的卵是一种极小的橘黄色的颗粒，聚集在一块儿，拼成一颗豌豆大小的圆球。这些是蜘蛛的宝贝，母蜘蛛必须保护它们不受冷空气的侵袭。

那么，蜘蛛是怎样造就这样精致的袋子的呢？让我们来看看它做袋子时的情形吧！[4]它做袋子的时候，慢慢地

❶ 细节描写，详细介绍了蜘蛛巢的功能、材质、形状、大小等。

❷ 细节描写，详细介绍了蜘蛛巢的保暖设备——红色丝以及它的保暖性能，句中的对比说明了丝保暖性强。

❸ 外貌描写，介绍了蜘蛛卵的形状、大小以及功能等。

❹ 动作描写、细节描写，介绍了蜘蛛做袋子时的动作、袋子与巢之间连接的物品。

阅读心得

绕着圈子，同时放出一根丝，它的后腿把丝拉出来叠在上一个圈的丝上面，就这样一圈圈地加上去，就织成了一个小袋子。袋子与巢之间用丝线连着，这样使袋口可以张开。袋的大小恰好能装下全部的卵而不留一点儿空隙，也不知道蜘蛛妈妈如何能掌握得那么精确。

产完卵后，蜘蛛的丝囊又要开始运作了。但这次工作和以前不同。只见它先把身体放下，接触到某一点，然后把身体抬起来，再放下，接触到另一点，就这样一会儿在这，一会儿在那，一会儿上，一会儿下，毫无规则，同时它的后脚拉扯着放出来的丝。这种工作的结果，不是织出一块美丽的绸缎，而是造就一张杂乱无章、错综复杂（cuò zōng fù zá，错：交错，交叉；综：合在一起；错综：纵横交叉。形容头绪多，情况复杂）的网。

接着，它射出一种红棕色的丝，这种丝非常细软。它用后腿把丝压严实，包在巢的外面。

[1]然后，它再一次变换材料，又放出白色的丝，包在巢的外侧，使巢的外面又多了一层白色的外套。而且，这时候巢已经像个小气球了，上端小，下端大，接着它再放出各种颜色不同的丝，赤色、褐色、灰色、黑色……让你目不暇接，它就用这种华丽的丝线来装饰它的巢。直到这一步结束，整个工作才算大功告成了。

[1]“目不暇接”指东西多，眼睛都看不过来。这里指蜘蛛巢中丝的颜色多，看不过来

蜘蛛开着一个多么神奇的纱厂啊！靠着这个简单而永恒的工厂——它可以交替做着搓绳、纺线、织布、织丝带等各种工作，而这里面的全部机器只是它的后腿和丝囊。它是怎样随心所欲（suí xīn suǒ yù，欲：想要。随着自己的意思，想要干什么就干什么）地变换“工种”的呢？它又是怎样随心所欲地抽出自己想要的颜色的丝呢？我只能看到这些结果，却不知道其中的奥妙。

建巢的工作完成后，蜘蛛就头也不回地跨着慢步走开了。再也不会回来，不是它狠心，而是它真的不需要再操心了，而且它也没有精力再操心了。衰老和疲惫使它在世界上苟延残喘（gǒu yán cán chuǎn，苟：暂且，勉强；延：延续；残喘：临死前的喘息。勉强延续临死前的喘息，比喻暂时勉强维持生存）了几天后安详地死去了。这便是我那匣子里的蜘蛛一生的终结，也是所有树丛里的蜘蛛的必然归宿。

阅读心得

条纹蜘蛛的家族

你还记得那小小的巢里的橘黄色的卵吧？那些美丽的卵的总数有五颗之多。你还记得它们是被密封在白缎子做的巢里的吧？那么当里面的小东西要跑出来，又冲不破白丝做的墙的时候该怎么办呢？当时它们的母亲又不在身旁，不能帮助它们冲破丝袋，它们是用什么办法来解决这个问题的呢？

动物在许多地方和植物有类似之处。蜘蛛的巢在我看来相当于植物的果实，只不过它里面包含的不是种子而是卵而已，自己不能动，但它们的种子却能在很远的地方生根发芽。因为[1]植物有许多传播种子的方法，把它们送到四面八方：凤仙花的果实成熟的时候，只要受到轻轻的碰触，便会裂成五瓣，每一瓣各自蜷缩起来，把种子弹到很远的地方；还有一种很轻的种子，像蒲公英的种子，长着羽毛，风一吹就能把它们带到很远的地方；榆树的种子是嵌在一张又宽又轻的扇子里的；槭树的种子成对地搭配，好像一双张开的翅膀；梣树的种子形状像船桨，风能够让它飞到极远的地方……这些种子随遇而安，落到不知什么地方就可以安家落户，开始下一轮的生死循环。

[1] 叙述，介绍了凤仙花、榆树等不同植物传播种子的不同方法。

和植物一样，动物也有各种千奇百怪的方法凭借大自然的力量让它们的种族散布在各地。你可以从条纹蜘蛛的身上略知一二。

三月间，正是蜘蛛的卵开始孵化的时候。如果我们用剪刀把蜘蛛的巢剪开，就可以看到有些卵已经变成小蜘蛛爬到中央那个袋子的外面，有些仍旧是橘黄色的卵。这些刚刚拥有生命、乳臭未干（rǔ xiù wèi gān，臭：气味。身上的奶腥气还没有褪尽。在这里，指初生的蜘蛛还十分幼稚）的小蜘蛛还没有披上像它们的母亲身上那样美丽的条纹衣服，[①]它们的背部是淡黄色的，腹部是棕色的，它们要在袋子的外面，巢的里面，待上整整四个月。在这段时期里，它们的身体渐渐地变得强壮丰满起来，和其他动物不同的是，它们是在巢里而不是在外面的大天地中逐渐变为成年的蜘蛛的。

① 外貌描写，介绍了小蜘蛛背部与腹部的色泽。

到了六七月里，这些小蜘蛛急于要冲出来了。可是它们无法在那坚硬的巢壁上挖洞。那孩子怎么办呢？不用担心，那巢自己会裂开的，就像成熟种子的果皮一样，自动地把后代送出来。[②]它们一出巢，就各自爬到附近的树枝上，同时放出极为轻巧的丝来，这些丝在空中飘浮的时候，会把它们牵引到别的地方去。

② 动作描写，介绍了小蜘蛛出巢后的一些行为。

错综复杂　随心所欲

和植物一样，动物也有各种千奇百怪的方法凭借大自然的力量让它们的种族散布在各地。你可以从条纹蜘蛛的身上略知一二。

第二十三章　狼　蛛

名师导读

狼蛛毒牙的毒性非常大，虽不能一招致命，却能不偏不倚正好咬在唯一能致命的地方，对手被咬后非常痛苦。狼蛛是很有耐性的，这一点在它猎食时就能体现出来。最不可思议的是，狼蛛有一个能节制的胃，它可以在很长一段时间内不吃东西而不感到饥饿。

与木匠蜂作战

大多数人都认为蜘蛛是一种可怕的动物，这可能和蜘蛛狰狞的外表有关。不过，它的确有两颗毒牙，可以立刻将它的猎物置于死地。在我们这一带，有最厉害的黑肚狼蛛！

[1]这种狼蛛的腹部长着黑色的绒毛和褐色的条纹，腿部有一圈圈灰色和白色的斑纹。它最喜欢住在长着百里香的干燥沙地上。这种蜘蛛的穴大约有二十个以上。我每次经过洞边向里面张望的时候，总可以看到四只大眼睛。这位隐士的四个望远镜像金刚钻一般闪着光，在地底下的四只小眼睛就不容易看到了。

❶ 外貌描写、动作描写，介绍了狼蛛的腹部绒毛、条纹以及眼睛。

狼蛛的居所大约有一尺深，一寸宽，是它们用自己的毒牙挖成的，刚刚挖的时候是笔直的，以后才渐渐地打弯。洞的边缘有一堵矮墙，是用稻草和各种废料的碎片甚至是一些小石头筑成的，看上去有些简陋，不仔细看还看不出来。有时候，这种围墙有一寸高，有时候却仅仅是地面上隆起的一道边。

我打算捉一只狼蛛。于是，我在洞口舞动一根小穗，模仿蜜蜂的嗡嗡声。我想狼蛛听到这声音会以为是猎物自投罗网，马上会冲出来。可是我的计划失败了。①那狼蛛倒的确往上爬了一些，想试探这到底是什么东西发出的声音，但它立刻嗅出这不是猎物而是一个陷阱，于是一动不动地停在半途，坚决不肯出来，只是充满戒心地望着洞外。

看来要捉到这只狡猾的狼蛛，唯一的办法就是用活的蜜蜂作诱饵。于是，我找了一只瓶子，瓶子的口和洞口一样大。不久我就听到里面传来一阵死亡时的惨叫——那只可怜的土蜂！这以后便是一段很长的沉默。我把瓶子移开，用一把钳子到洞里去探索。我把那土蜂拖出来，它已经死了。②这狼蛛突然被夺走了从天而降的猎物，愣了一下，实在舍不得放弃这肥美的猎物，急急地跟上来，于是猎物和打猎的都出洞了，我赶紧趁机用石子把洞口塞住。这狼蛛被突如其来的变化惊呆了，一下子变得很胆怯，在那里犹豫着，不知该怎么办才好，根本没有勇气逃走。不到一秒钟工夫，我便毫不费力地用一根草把它拨进一个纸袋里。我就用这样的办法诱它出洞，然后捉拿它。不久我的实验室里就有了一群狼蛛。

我已经讲过狼蛛生擒土蜂的故事，可这还不能使我满足，我还想看看它与别种昆虫作战的情形。

③我捉了几只木匠蜂，把它们分别装在瓶子里。又挑了一只又大又凶猛并且饿得发慌的狼蛛，我把瓶口罩在那只穷凶极恶的狼蛛的洞口上，那木匠蜂在玻璃囚室里发出激烈的嗡嗡声，好像知道死期临头似的。狼蛛被惊动了，从

① 动作描写、神态描写，描写了狼蛛嗅出陷阱的动作与有所戒备时的神态。

② 神态描写，描写了狼蛛发现作者用石子把洞口塞住后，其神态所发生的变化，原本想抢夺美食的它，一下子变得不知所措。

③ 动作描写，通过狼蛛将半个身子探出洞外，静静地等候的动作，表现了它极高的警觉性。

洞里爬了出来，半个身子探出洞外，它看着眼前的景象，不敢贸然行动，只是静静地等候着。我也耐心地等候着。一刻钟过去了，半个小时过去了，什么事都没有发生，狼蛛居然又若无其事（ruò wú qí shì，形容好像没有那么回事似的，或形容不动声色或漠不关心）地回到洞里去了。

我照这个样子又试探了其他几只狼蛛。最后，我终于成功了。有一只狼蛛猛烈地从洞里冲出来，无疑它已经饿疯了。就在一眨眼间，恶斗结束了，强壮的木匠蜂已经死了。

我做了好几次试验，发现狼蛛总是能在转眼之间干净利落地把敌人干掉，并且作战手段都很相似。①现在，我明白了为什么在前几次试验中，狼蛛会只看着洞口的猎物，却迟迟不敢出击。它的犹豫是有道理的。像这样强大的昆虫，它不能冒失鲁莽地去捉，万一它没有击中其要害的话，那它自己就完蛋了。因为如果木匠蜂没有被击中要害的话，至少还可以活上几个小时，在这几个小时里，它有充分的时间来回击敌人。狼蛛很清楚这一点，所以，它要守在安全的洞里，等待机会，直到等到那大蜂正面对着它，头部极易被击中的时候，它才立刻冲出去，否则决不用自己的生命去冒险。

① 叙述，介绍了狼蛛在猎取木匠蜂时为何总是犹豫，说明了它总是不轻易出手的原因。

狼蛛的毒素

让我来告诉你，狼蛛的毒素是一种多么厉害的武器。

我做了一次试验，让一只狼蛛去咬一只羽毛刚长好的将要出巢的幼小的麻雀。②麻雀受伤了，一滴血流了出来，伤口被一个红圈圈着，一会儿又变成了紫色，而且这条腿已经不能用了，使不上劲儿。小麻雀只能用单腿跳着。除此之外它好像也没什么痛苦，胃口也很好。我的女儿同情

② 叙述，介绍了小麻雀被狼蛛咬伤后，最初的身体反应。

地把苍蝇、面包和杏酱喂给它吃，这可怜的小麻雀做了我的试验品。但我相信它不久以后一定会痊愈，很快就能恢复自由——这也是我们一家共同的愿望和推测。[①]十二个小时后，我们对它的伤情仍然挺乐观的。它仍然好好地吃东西，喂得迟了它还要发脾气。可是两天以后，它便不再吃东西了，羽毛零乱，身体缩成一个小球，有时候一动不动，有时候发出一阵痉挛。我的女儿怜爱地把它捧在手里，呵气使它温暖。可是它痉挛得越来越厉害，次数越来越多，最后，它终于离开了这个世界。

① 叙述，介绍了小麻雀被狼蛛咬伤十二小时后的身体变化与痛苦状况，说明了狼蛛的毒素是一种非常厉害的武器。

那天的晚餐席上透着一股寒气。我从一家人的目光中看出他们对我的这种试验的无声抗议和责备。尽管如此，我还是鼓起勇气试验一只鼹鼠。

[②]我让一只狼蛛去咬它的鼻尖。被咬过之后，它不住地用它的宽爪子挠抓着鼻子。因为它的鼻子开始慢慢地腐烂了。从这时开始，这只大鼹鼠食欲渐渐不振，什么也不想吃，行动迟钝，我能看出它浑身难受。到第二个晚上，它已经完全不吃东西了。大约在被咬后三十六小时，它终于死了。笼里还剩着许多的昆虫没有被吃掉，证明它不是被饿死的，而是被毒死的。

② 叙述，通过抓、什么也不想吃等动作与状态描写，介绍了鼹鼠被狼蛛的毒牙咬伤后身体发生的变化，以及死亡的时间。

所以，狼蛛的毒牙不仅能结束昆虫的性命，对一些稍大一点的小动物来说，也是危险可怕的。它可以致麻雀于死地，也可以使鼹鼠毙命，尽管后者的体积要比它大得多。

现在，我们试着把这种杀死昆虫的蜘蛛和麻醉昆虫的黄蜂比较一下。[③]蜘蛛因为它自己靠新鲜的猎物生活，所以它咬昆虫头部的神经中枢，使它立刻死去；而黄蜂，它要保持食物的新鲜，为它的幼虫提供食物，因此它刺在猎物的另一个神经中枢上，使它失去动弹的能力。相同的是，它们都喜欢吃新鲜的食物，用的武器都是毒刺。

③ 叙述，介绍了蜘蛛和黄蜂捕食猎物时的不同点与相同点。

没有谁教它们怎样用不同的方法对待猎物，这是它们生来的本能。这使我们相信在冥冥之中，世界上的确有着一位万能的神在主宰着昆虫，也统治着人类世界。

狼蛛的卵袋

假如你听到这可怕的狼蛛怎样爱护自己的家庭的故事，你一定会在惊异之余改变对它的看法。

[①]在八月的一个清晨，我发现一只狼蛛在地上织一个丝网，大小和一个手掌差不多。这个网很粗糙，样子也不美观，但是很坚固。这就是它将要工作的场所，这网能使它的巢和沙地隔绝。在这网上，它用最好的白丝织成一片大约有一个硬币大小的席子，它把席子的边缘加厚，直到这席子变成一个碗的形状，周围圈着一条又宽又平的边，它在这网里产了卵，再用丝把它们盖好，这样我们从外面看，只看到一个圆球放在一条丝毯上。

> ① 叙述，介绍了作者发现狼蛛织网的时间和它织网时的工作地点，并介绍了网粗糙的特性。

然后[②]它就用腿把那些攀在圆席上的丝一根根抽去，把圆席卷起来盖在球上，它再用牙齿拉，用扫帚般的腿扫，直到它把藏卵的袋从丝网上拉下来为止，这可是一项费神费力的工作。

> ② 动作描写，介绍了狼蛛用圆席盖球的过程，通过卷、拉等动作，表现了这一过程的不易。

[③]这袋子是个白色的丝球，摸上去又软又黏，大小像一颗樱桃。如果你仔细观察，那么你会发现在袋的中央有一圈水平的折痕，那里面可以插一根针而不至于把袋子刺破。这条折纹就是那圆席的边。圆席包住了袋子的下半部，上半部是小狼蛛出来的地方。除了母蜘蛛在产好卵后铺的丝以外，再也没有别的遮蔽物了。袋子里除了卵以外，也没有别的东西，不像条纹蜘蛛那样，里面衬着柔软的垫褥和

> ③ 细节描写，描写了丝球的大小、袋中央的折痕等。

绒毛。狼蛛不必担心气候对卵的影响，因为在冬天来临之前，狼蛛的卵早已孵化了。

母狼蛛整个早晨都在忙着编织袋子。[①]现在它累了。它紧紧地抱着它那宝贝小球，静静地休息着，生怕一不留神就把宝贝丢了。第二天早晨，我再看到它的时候，它已经把这小球挂到它身后的丝囊上了。

① 动作描写，通过狼蛛累了，还“紧紧地抱着”小球这一动作，说明它对于球非常在意。

差不多有三个多星期，它总是拖着那沉重的袋子。不管是爬到洞口的矮墙上的时候，还是在遭到了危险急急退入地洞的时候，或者是在地面上散步的时候，它从来不肯放下它的宝贝小袋。[②]如果有什么意外的事情使这个小袋子脱离它的怀抱，它会立刻疯狂地扑上去，紧紧地抱住它，并准备好反击抢它宝贝的敌人。接着它很快地把小球挂到丝囊上，很不安地带着它匆匆离开这个是非之地。

② 动作描写，疯狂地扑、紧紧地抱等动作，表现了它在保护它的小袋子。

在夏天将要结束的那几天里，每天早晨太阳已经把土地烤得很热的时候，狼蛛就要带着它的小球从洞底爬出洞口静静地趴着。初夏的时候，它们也常常在太阳高挂的时候爬到洞口，沐浴着阳光小睡。不过现在，它们这么做完全是为了另外一个目的。[③]以前狼蛛爬到洞口的阳光里是为了自己，它躺在矮墙上，前半身伸出洞外，后半身藏在洞里。它让太阳光照到眼睛上，而身体仍在黑暗中；现在它带着小球，晒太阳的姿势刚好相反：前半身在洞里，后半身在洞外。它用后腿把装着卵的白球举到洞口，轻轻地转动着它，让每一部分都能受到阳光的沐浴。这样足足晒了半天，直到太阳落山。它的耐心实在令人感动，而且它不是一天两天这样做，而是在三四个星期内天天这样做。

③ 动作描写，介绍了现在与原来狼蛛晒太阳动作的不同，这种不同表现了它对于装着卵的白球的呵护。

鸟类把胸伏在卵上，它的胸能像火炉一样供给卵充分的热量；狼蛛把它的卵放在太阳底下，直接利用这个天然的大火炉。

狼蛛的幼儿

阅读心得

在九月初的时候，小狼蛛要准备出巢了。这时小球会沿着折痕裂开。它是怎么裂开的呢？会不会是母蛛觉察到里面有动静，所以在一个适当的时候把它打开了？这也是有可能的。但从另一方面看，也可能是那小球到了一定时间自己裂开的，就像条纹蜘蛛的袋子一样。条纹蜘蛛出巢的时候，它们的母亲早已过世多时了，所以只有靠巢自动裂开，孩子们才能出来。

①这些小狼蛛出来以后，就爬到母亲的背上，紧紧地挤着，大约有二百只之多，像一块树皮似的包在母狼蛛身上。至于那袋子，在孵化工作完毕的时候就从丝囊上脱落下来，被抛在一边当垃圾了。

这些小狼蛛都很乖，它们不乱动，也不会为了自己挤上去而把别人推开。它们只是静静地歇着。它们在干什么呢？它们是让母亲背着它们到处去逛。②而它们的母亲，不管是在洞底沉思，还是爬出洞外去晒太阳，总是背着一大堆孩子一起跑，它从不会把这件沉重的外衣甩掉，直到好季节的来临。

这些小狼蛛在母亲背上吃些什么呢？依我看来，它们什么也没吃。我看不出它们有什么变化，最后离开母亲的时候，和它们刚从卵里出来的时候大小完全一样。

在坏的季节里，母狼蛛自己也吃得很少。如果我捉一只蝗虫去喂它，常会过了很久以后它才开口。为了保持元气，它有时候不得不出来觅食，当然，它还是背着它的孩子。

③如果在三月里，当我去观察那些被风雨或霜雪侵蚀过的狼蛛的洞穴的时候，总可以发现母狼蛛在洞里，仍是充

① 动作描写，介绍了小狼蛛出来以后在母亲背上的状态。

② 叙述，介绍了母狼蛛不管做什么都要背着小狼蛛，绝不会扔下它们，说明了母狼蛛对小狼蛛始终如一的无私呵护。

③ 叙述，通过观察，作者发现，小狼蛛在母亲背上生活的时间约有五六个月。

满活力的样子，背上还是背满了小狼蛛。也就是说，母狼蛛背着小狼蛛们活动，至少要经过七个月。著名的美洲背负专家——鼹鼠，它也不过把孩子们背上几个星期就把它们送走了，和狼蛛比起来，真是小巫见大巫了。

①叙述，介绍了小狼蛛在母亲背上掉下后母亲的表现，说明了母狼蛛非常重视小狼蛛独立解决困境能力的培养。

②动作描写，介绍了作者的一个试验，这个试验证明，掉落的小狼蛛有能力再爬到母亲背上。

[①]背着小狼蛛出征是很危险的，这些小东西常常会被路上的草拨到地上。如果有一只小狼蛛跌落到地上，它将会遭遇什么命运呢？它的母亲会不会想到它，帮它爬上来呢？绝对不会。一只母狼蛛需要照顾几百只小狼蛛，每只小狼蛛只能分得极少的一点爱。

[②]所以我用一支笔把我实验室中的一个母狼蛛背上的小狼蛛刮下，母狼蛛一点儿也不显得惊慌，也不准备帮助它的孩子，继续若无其事地往前走。那些落地的小东西在沙地上爬了一会儿，不久就都攀住了它们母亲身体的一部分：有的在这里攀住了一只脚，有的在那里攀住一只脚。好在它们的母亲有不少脚，而且撑得很开，在地面上摆出一个圆，小狼蛛们就沿着这些柱子往上爬，不一会儿，这群小狼蛛又像原来那样聚在母亲背上了。没有一只会漏掉。在这样的情况下，小狼蛛很会自己照顾自己，母亲从不需为它们的跌下而费心。

在母狼蛛背着小狼蛛的七个月里，它究竟喂不喂它们吃东西呢？当它猎取了食物后，是不是邀孩子们共同享受呢？起初我以为一定是这样的，所以我特别留心母蛛吃东西时的情形，想看看它怎样把食物分给那么多的孩子们。

③叙述，介绍了母狼蛛吃东西时，小狼蛛的行为表现。

[③]通常，母狼蛛总是在洞里吃东西，不过，有时候偶然也到门口就着新鲜空气用餐。只有在这时候我才有机会看到这样的情形：当母亲吃东西的时候，小狼蛛们并不下来吃，连一点要爬下来分享美餐的意思都没有。好像丝毫不觉得食物诱人一样，它们的母亲也不客气，没给它们留下任何

食物。母亲在那儿吃着，孩子们在那儿张望着——不，确切地说，它们仍然伏在妈妈的背上，似乎根本不知道“吃东西”是怎样一种概念。在它们的母亲狼吞虎咽（láng tūn hǔ yàn，形容吃东西又猛又急的样子）的时候，它们安安静静地待在那儿，一点儿也不觉得馋。

那么，在趴在母亲背上整整七个月的时间里，它们这些小蛛靠什么维持生命呢？如果它们不动，我们很容易理解为什么它们不需要食物，因为完全的静止就相当于没有生命。但是这些小蛛，虽然它们常常安静地待在母亲背上，但它们时刻都在准备运动。①当它们从母亲这个“婴儿车”上跌落下来的时候，它们得立刻爬起来抓住母亲的一条腿，爬回原处；即使停在原地，它也得保持平衡；它还必须伸直小肢去搭在别的小蛛身上，才能稳稳地趴在母亲背上。所以，实际上绝对的静止是不可能的。

从生理学角度看，我们知道每一块肌肉的运动都需要消耗能量。动物和机器一样，用得久了会造成磨损，因此需常常修理更新。运动所消耗的能量，必须从别的地方得到补偿。我们可以把动物的身体和火车头相比。②当火车头不停地工作的时候，它的活塞、杠杆、车轮以及蒸汽导管都在不断地磨损，铁匠和机械师随时都在修理和添加些新材料，就好像供给它食物，让它产生新的力量一样。但是即使机器各部分都很完美，火车头还是不能开动。一直要等到火炉里有了煤，燃起了火，然后才能开动。这煤就是产生能量的“食物”，就是它让机器动起来的。

再讲这些小狼蛛，它们在离开母亲的背之前，并不曾长大。七个月的小狼蛛和刚刚出生的小狼蛛大小完全一样。卵供给了足够的养料，为它们的体质打下了一个良好的基础。但它们后来不再长大，因此也不再需要吸收制造纤维

阅读心得

①动作描写，通过描写小狼蛛从母亲背上跌落后，再爬到母亲背上的一些动作，来说明它在背上的静止是相对的。

②叙述，通过介绍火车头不停地工作时，铁匠和机械师随时都在修理和添加些新材料，来说明是煤在产生能量，从而让机器动起来的原理。

的养料。这一点我们是能够理解的。但它们是在运动的呀！并且运动得很敏捷。它们从哪里取得产生能量的食物呢？

我们可以这样想：煤——那供给火车头动能的“食物”究竟是什么呢？[1]那是许多许多年代以前的树埋在地下，它们的叶子吸收了阳光。所以煤其实就是贮存起来的阳光，火车头吸收了煤燃烧提供的能量，也就相当于吸收了太阳光的能量。

[1] 叙述，介绍了供给火车头动能的煤的前生今世，从而说明它为何能成为火车头的动能。

血肉之躯的动物也是这样，不管它是吃什么别的动物或植物以维持生命，大家最终都是靠着太阳的能量生存的。那种热能量贮藏在草里、果子里、种子里和一切可作为食物的东西里。

到三月底的时候，母狼蛛就常常蹲在洞口的矮墙上。这是小狼蛛们与母亲告别的时候了。母亲仿佛早已料到这么一天，完全任凭它们自由地离去。对于小狼蛛们以后的命运，它再也不需要负责了。

若无其事　狼吞虎咽

这些小狼蛛出来以后，就爬到母亲的背上，紧紧地挤着，大约有二百只之多，像一块树皮似的包在母狼蛛身上。

第二十四章　克鲁蜀蜘蛛

名师导读

在蜘蛛中，克鲁蜀蜘蛛是一个极为聪明，也算是漂亮的蜘蛛了。它还会结网，称得上是个纺织能手，它们用蛛网来猎取自投罗网的小虫子们，之所以能在网上坐享其成，是因为它的网有黏性。不过，它在结网的时候，利用了几何学的一些原理。最独具特色的是，从它的网中心有一根丝一直通到它隐居的地方，这就是那条神奇的电报线了。

克鲁蜀蜘蛛

克鲁蜀蜘蛛是一个极为聪明、灵巧的纺织家，而且就一只蜘蛛而言，克鲁蜀蜘蛛算是很漂亮的了。它这名字是取自古希腊三位命运女神中的一位，也是最年幼的一位，她是掌管纺线杆的，从她那里纺出了万物各自不同的命运。克鲁蜀蜘蛛能为自己纺出最精美的丝，克鲁蜀女神却不能为我们纺出幸福的命运和舒适的生活，这实在是一件令世人遗憾的事！

[1]如果我们想认识克鲁蜀蜘蛛，我们必须到橄榄地的岩石的斜坡上。在被太阳灼得又热又亮的地方，让我们把一些不大不小又扁平的石块翻起来——最好是翻开那些小石堆，那是牧童堆起来做凳子用的，这种凳子尽管简陋，但

❶ 叙述，介绍了克鲁蜀蜘蛛最爱待的地方。

深受牧童们的喜爱，因为他们可以坐在上面看守山底下的羊群，边休息边工作，不亦乐乎。如果我们运气不坏的话，在我们翻起的石块下面，就会发现一个样子很特别的东西：形状好像一个翻转的穹形屋顶，大概有半个梅子那么大，外面挂着一些小贝壳、一些泥土和干了的虫子。

① 细节描写，介绍了克鲁蜀蜘蛛的居所。

①穹形顶的边缘有十二个尖尖的扇蛤，向各方伸展着，固定在石头上。显然，这就是克鲁蜀蜘蛛的宫殿！

而入口处在什么地方呢？尽管周围有许多拱，但那些拱都开在屋顶的上部，没有一个可以通到屋子里去。可这屋子的主人总得出来，出来后当然还得再回去呀，它究竟是从哪里进出的呢？一根稻草会告诉我们一切秘密。

② 叙述，通过一根稻草往拱形的开口处用力插进去，介绍了克鲁蜀蜘蛛居所的拱门。

②如果我们用一根稻草往拱形的开口处插进去，我们可以发现这些拱门里面都是反锁着的，关得严严实实。但是如果你把稻草很小心地用力插进去，你就会发现，其中必定有一个拱门，它的边缘会裂成嘴唇般的两片。这便是门了，它有弹性，自己会关闭。

③ 动作描写，通过飞快地跑回家，用脚爪一触门，表现了克鲁蜀蜘蛛遇到危险时要回家的本能。

③当克鲁蜀蜘蛛遇到危险的时候，它会飞快地跑回自己的家，用脚爪一触门，门就开了，等它进去后，门又自动关闭了。如果需要的话，它还可以将门反锁，尽管那所谓的“锁”也只不过是用几根丝线做的，起不了多大作用，但从外边看它跟别的拱完全一样，可以起到迷惑的作用，敌人只能看见它很快地消失了，却不知道它究竟是从哪里逃遁的。

④ 叙述，介绍了克鲁蜀蜘蛛的床、绒毯等，说明了它是一种非常讲究生活质量的动物。

现在，让我们打开它的门到里面看一看。啊！多么富丽堂皇！我马上想起一个关于娇贵的公主的神话故事，说她是如此的娇贵，只要她的垫褥底下有一片折皱的玫瑰花的叶子，她就会睡得很不舒服。看到克鲁蜀蜘蛛的家，你会觉得它比那位公主还要难侍候。④它的床比天鹅绒还软，比夏天的云还白。床上有绒毯，有被子，也都非常软。克

鲁蜀蜘蛛就安居在这绒毯和被子之间。它长着一双短短的腿，穿着黑色的衣服，背上还有五个黄色的徽章。

要在这屋子里过上舒适的生活，必须有一个条件：那就是屋子必须很坚固，尤其是在遭到大风大雨的时候。[①]只要我们仔细观察的话，就可以发现，克鲁蜀蜘蛛是如何做到这一点的：支持着整个屋子的许多拱门都是固定在石头上的。我们可以看到，在接触点有一缕缕的长线，沿着石面伸展开去。我用尺子量了量，每一根足足有九尺长。原来这屋子由许多“链条”攀着，就像阿拉伯人的帐篷用许多绳子攀着一样。所以，显得格外牢固。

❶ 叙述，介绍了克鲁蜀蜘蛛居所的结构，从而说明了它房子坚固的原因。

还有一件小事挺值得我们注意，虽然它的屋子里那么整洁、华丽，可是屋子外面却堆满了垃圾：[②]有泥土、有腐烂了的木屑，还有一粒粒脏兮兮的砂石，有时候还有更脏的东西，比如，风干了的甲虫尸体、千足虫破碎的尸体，还有蜗牛的壳等，一片狼藉，一塌糊涂，而且都已被太阳晒得发白了。

❷ 叙述，介绍了克鲁蜀蜘蛛居所外面的垃圾，表现了它居所内部与外部的区别非常大。

克鲁蜀蜘蛛没有设陷阱的本领，所以，它完全靠吃那种在石堆里跳来跳去的虫子维持生计。哪一只冒失的虫子跳过它的居所，就会被它逮个正着，捉来饱餐一顿。至于那些风干的尸体，它并不把它们丢开，而是挂在墙壁的四周，这似乎在炫耀自己的捕猎经历。

它到底为什么要把尸体挂起来呢？它到底想干什么呢？

后来我想到了简单的平衡问题。普通的家蛛在墙角张了网，为了要使网保持一定的形状而不受风吹雨打的影响，就常常把石灰或泥嵌入网中。[③]克鲁蜀蜘蛛在自己的屋里挂上重物虽然也是为了使屋子稳固，只是不是这种原理，而是它懂得如果把重物挂在屋子里很低的地方，屋子四周就会平衡：在低的地方增加重量就可以把重心降低，使平衡

❸ 叙述，介绍了克鲁蜀蜘蛛要把尸体挂起来的原因，是为了保持居所的稳固。

阅读心得

更加稳定。这些重物主要是昆虫的尸体或空壳，因为这类东西举手可得，不需到远处去找，全都是现成的。

现在，你们或许要问：它在那软软的屋子里做什么呢？醉生梦死（zuì shēng mèng sǐ，像喝醉酒和做梦那样，昏昏沉沉、糊里糊涂地过日子）还是辛勤劳动呢？据我所知，它什么也不做。它的肚子已经装得饱饱的了。它舒适地摊开了脚，躺在软软的绒毯上，什么都不用做，什么都不用想，只是静静地聆听着地球旋转的声音。这不是睡，也不是醒，而是一种半梦半醒的状态，这时候它除了快乐以外，什么感觉都没有。让我们想象一下：如果你辛苦了一天后很舒适地躺在床上，彻底地放松，到快要入睡的时候，将会无忧无虑地享受到这生活中最美满的一刻。克鲁蜀蜘蛛似乎也知道这美妙的一刻，并且比我们更会享受这一刻的到来。

黏性的网

蛛网中用来做螺旋圈的丝是一种极为精致的东西，它和那种用作辐和“地基”的丝不同。它在阳光中闪闪发光，看上去像一条编成的丝带。我取了一些丝回家，放在显微镜下看，竟发现了惊人的奇迹：

那根细线本来就细得几乎连肉眼都看不出来，但它居然还是由几根更细的线缠合而成的，好像大将军剑柄上的链条一般。[1]更使人惊异的是，这种线还是空心的，空的地方藏着极为浓厚的黏液，就和黏稠的胶液一样，我甚至可以看到它从线的一端滴出来。这种黏液能从线壁渗出来，使线的表面有黏性。我用一个小试验去测试它到底有多大黏性：我用一片小草去碰它，立刻就被粘住了。现在我们

[1] 叙述，介绍了蜘蛛用作螺旋圈的丝、它空心处的黏液，以及这种黏液的黏力。

可以知道，蜘蛛捕捉猎物靠的并不是围追堵截，而是完全靠它黏性的网，它几乎能粘住所有的猎物。可是又有一个问题出来了：蜘蛛自己为什么不会被粘住呢？

我想其中一个原因是，它的大部分时间被用来坐在网中央的“休息室”里，而那里的丝完全没有黏性。不过这个说法不能自圆其说（圆：圆满，周全。指说话的人能使自己的论点或谎话没有漏洞），它无法一辈子坐在网中央不动，有时候，猎物在网的边缘被粘住了。它必须很快地赶过去放出丝来缠住它，在经过自己那充满黏性的网时，它怎么防止自己不被粘住呢？是不是它脚上有什么东西使它能在黏性的网上轻易地滑过呢？它是不是涂了什么油在脚上？因为大家都知道，要使表面物体不粘，涂油是最佳的办法。

阅读心得

①为了证明我的怀疑，我从一只活的蜘蛛身上切下一条腿，在二硫化碳里浸了一个小时，再用一个也在二硫化碳里浸过的刷子把这条腿小心地洗一下。二硫化碳是能溶解脂肪的，所以如果腿上有油的话，这一洗就会完全洗掉了。现在，我再把这条腿放到蛛网上，它被牢牢地粘住了！由此我们知道，蜘蛛在自己身上涂上了一层特别的“油”，这样，它能在网上自由地走动而不被粘住。但它又不愿老停在黏性的螺旋圈上，因为这种“油”是有限的，会越用越少。所以它大部分时间待在自己的“休息室”里。

①叙述，介绍了作者所做的一个试验，通过试验表明，蜘蛛在自己身上涂上了一层越用越少的“油”，从而说明了它爱待在“休息室”的原因。

从试验中，我们得知这蛛网中的螺旋线是很容易吸收水分的。有了这螺旋线，在极热的天气里，蛛网也不会变得干燥易断，因为它能尽量地吸收空气中的水分，以保持它的弹性并增加它的黏性。哪一个捕鸟者在做网的时候，在艺术上和技术上能比得上蜘蛛呢？而蜘蛛织这么精致的网只是为了捕一只小虫！真是有点儿大材小用了！

蜘蛛的电报线

在六种园蛛中，通常歇在网中央的只有两种，那就是条纹蜘蛛和丝光蜘蛛。它们即使受到烈日的焦灼，也决不会轻易稍离开网去阴凉处歇一会儿。[①]至于其他蜘蛛，它们一律不在白天出现。它们自有办法使工作和休息互不耽误，在离它们的网不远的地方，有一个隐蔽的场所，是用叶片和线卷成的。白天它们就躲在这里面，静静地，让自己深深地陷入沉思中。

① 叙述，介绍了除了条纹蜘蛛和丝光蜘蛛外，其他蜘蛛是如何安排工作与休息的。

这阳光明媚的白天虽然使蜘蛛们头晕目眩（tóu yūn mù xuàn，头晕眼花，感到一切都在旋转。有时也形容被烦琐的事情弄得不知所措），却也是其他昆虫最活跃的时候：蝗虫们更活泼地跳着，蜻蜓们更快活地飞舞着。所以，正是蜘蛛们捕食的好时机，那富有黏性的网虽然晚上是蜘蛛的居所，白天还是一个大陷阱。如果有一些粗心又愚蠢的昆虫碰到网上，被粘住了，躲在别处的蜘蛛是否会知道呢？不要为蜘蛛会错失良机而担心，只要网上一有动静，它便会闪电般地冲过来。它是怎么知道网上发生的事的呢？

使它知道网上有猎物的是网的振动，而不是它自己的眼睛。为了证明这一点，我把一只死蝗虫轻轻地放到有好几只蜘蛛的网上，并且放在它们看得见的地方。有几只蜘蛛是在网中，有几只是躲在隐蔽处，可是它们似乎都不知道网上有了猎物。后来，我把蝗虫放到了它们面前，它们还是一动不动。它们似乎瞎了，什么也看不见。于是，我用一根长草拨动那死蝗，让它动起来，同时，使网振动起来。

结果证明：[①]停在网中的条纹蜘蛛和丝光蜘蛛飞速赶到蝗虫身边；其他隐藏在树叶里的蜘蛛也飞快地赶来，好像平时捉活虫一般，熟练地放出丝来把死蝗虫捆了又捆，缠了又缠，丝毫不怀疑自己是不是在浪费宝贵的丝线，由这个实验可见，蜘蛛什么时候出来攻击猎物，完全要看网什么时候振动。

❶ 动作描写，通过描写网动后，条纹蜘蛛和丝光蜘蛛的反应，说明了是网的振动使它们了解网上有猎物的。

[②]如果我们仔细观察那些白天隐居的蜘蛛们的网，我们可以看到从网中心有一根丝一直通到它隐居的地方，这根线的长短大约有二十二寸；不过，角蛛的网有些不同，因为它们是隐居在高高的树上的，所以，它的这根丝一般有八九尺长。

❷ 叙述，介绍了白天隐居的蜘蛛的网，其电报线的长度。

这条斜线还是一座桥梁，靠着它，蜘蛛才能匆匆地从隐居的地方赶到网中，等它在网中央的工作完毕后，又沿着它回到隐居的地方，不过，这并不是这根线的全部效用。如果它的作用仅仅在于这些的话，那么，这根线应该从网的顶端引到蜘蛛的隐居处就可以了。因为这可以减小坡度，缩短距离。

[③]这根线之所以要从网的中心引出是因为中心是所有的辐的出发点和连接点，每一根辐的振动，对中心都有直接的影响。一只虫子在网的任何一部分挣扎，都能把振动直接传导到中央这根线上。所以蜘蛛躲在远远的隐蔽处，就可以从这根线上得到猎物落网的消息。这根斜线不但是一座桥梁，并且是一种信号工具，是一根电报线。

❸ 叙述，介绍了电报线为何要从网的中心引出，以及它的功能。

年轻的蜘蛛都很活泼，它们都不懂得接电报线的技术。只有那些老蜘蛛们，当它们坐在绿色的帐篷里默默地沉思或是安详地假寐的时候，它们会留心着电报线发出的信号，从而得知在远处发生的动静。

长时间的守候是辛苦的，为了减轻工作的压力和好好休息，同时，又丝毫不放松对网上发生的情况的警觉，蜘蛛总是

把腿搁在电报线上。这里有一个真实的故事可以证明这一点。

我曾经捉到一只在两棵相距一码的常青树间结了一张网的角蛛。太阳照得丝网闪闪发光，它的主人早已在天亮之前藏到居所里去了。[1]如果你沿着电报线找过去，就很容易找到它的居所。那是一个用枯叶和丝做成的圆屋顶。居所造得很深，蜘蛛的身体几乎全部隐藏在里面，用后端身体堵住进口。

①叙述，介绍了角蛛居所的材质与形状。

它的前半身埋在它的居所里，所以，它当然看不到网上的动静了——即使它有一双敏锐的眼睛也未必看得见，何况它其实是个半瞎子呢！那么，在阳光灿烂的白天，它是不是就放弃捕食了呢？让我们再看看吧。

你瞧，它的一条后腿忽然伸出叶屋，后腿的顶端连着一根丝线，而那线正是电报线的另一个端点！我故意放了一只蝗虫在网上——以后呢？一切都像我预料的那样，虫子的振动带动网的振动，网的振动又通过电报线传导到守株待兔（shǒu zhū dài tù，株：露出地面的树根。原比喻希图不经过努力而得到成功的侥幸心理。现也比喻死守狭隘经验，不知变通）的蜘蛛的脚上。蜘蛛为得到食物而满足，而我比它更满意：因为我学到了我想学的东西。

还有一点值得讨论的地方。那蛛网常常要被风吹动，那么，电报线是不是不能区分网的振动是来自猎物的来临还是风的吹动呢？事实上，当风吹动引起电报线晃动的时候，在居所里闭目养神的蜘蛛并不行动，它似乎对这种假信号不屑一顾。所以这根电报线的另外一个神奇之处在于，它像一台电话，就像我们人类的电话一样，能够传来各种真实声音。蜘蛛用一个脚趾接着电话线，用腿听着信号，还能分辨出囚徒挣扎的信号和风吹动所发出的假信号。

阅读心得

美词佳句

头晕目眩　守株待兔

事实上，当风吹动引起电报线晃动的时候，在居所里闭目养神的蜘蛛并不行动，它似乎对这种假信号不屑一顾。

第二十五章　蟹　蛛

名师导读

蟹蛛是横着走路的，有点儿像螃蟹，所以叫蟹蛛。它的捕食方法看起来简单，其实也不易。在筑巢方面，蟹蛛的高超手艺并不亚于它在觅食时的技艺。同时，雌蟹蛛也是一个非常有爱心的妈妈，它虽然衰弱得可以随时死去，但它会为它的家庭尽最后一份力，它一直顽强地支撑了五六个星期。

蟹　蛛

前面我们讲到过的条纹蜘蛛虽然工作很勤快，为了替它的卵造一个安乐窝，一直孜孜不倦（zī zī bù juàn，孜孜：勤奋。不倦：不知疲倦。指工作或学习勤奋，不知疲倦）、废寝忘食（fèi qǐn wàng shí，废：停止。寝：休息。忘：忘记。食：吃饭。顾不得睡觉，忘记了吃饭。形容很刻苦）地工作着。可是，到了后来，它却不能再顾到它的家了。为什么呢？因为它寿命太短。它在第一个寒流到达之时就要死了。而它的卵要过了冬天才能孵化。它不得不丢下它的巢。如果小宝宝在母亲还在世的时候能出世，我相信雌蜘蛛对小蜘蛛的细心呵护不会亚于鸟类。另外一种蜘蛛证明了我的推测。①它是一种不会织网的蜘蛛：只是等着猎物跑

①叙述，介绍了蟹蛛不会织网，因为像蟹一样横着走路，所以叫蟹蛛。

近它才去捉，而且它是横着走路的，有点儿像螃蟹，所以叫蟹蛛。

这种蜘蛛不会用网猎取食物，它的捕食方法是：①埋伏在花的后面等猎物经过，然后上去在它颈部轻轻一刺，你别小看这轻轻的一刺，这能置它的猎物于死地。我所观察到的这群蟹蛛尤其喜欢捕食蜜蜂。

①动作描写，通过埋伏、轻轻一刺等动作描写，介绍了蟹蛛的捕食方法以及所喜欢的食物。

②蜜蜂采花蜜的时候是专心致志的，什么都不会想，不会开小差。它用舌头舔着花蜜，然后挑选一个能采到许多花蜜的花蕊上，一心一意地开始工作。当它正埋头苦干的时候，蟹蛛早就虎视眈眈从隐藏的地方偷偷地、悄悄地爬出来，走到蜜蜂背后，越走越近，然后一下子冲上去，在蜜蜂颈背上的某一点刺了一下。蜜蜂无论怎么挣扎也摆脱不了那一刺。

②动作描写，介绍了蟹蛛在蜜蜂采花蜜时，突然袭击了它，既表现了蜜蜂采花蜜时的专注，又表现了蟹蛛袭击动作的准确无误。

这一刺可不是随随便便出手的。它刚好刺在蜜蜂颈部的神经中枢上。蜜蜂的神经中枢被麻痹了，腿也开始硬化，不能动弹了。一秒钟内，一个小生命就宣告结束了。蟹蛛这个凶手快乐而满足地吸着它的“血”，吸完后抹抹嘴巴残酷地把蜜蜂的遗骸丢在一边。

③蟹蛛虽然是个“杀蜂不见血”的凶手，但你又不得不承认，它也是一只非常漂亮的小东西。虽然它们的身材并不好，像是一个雕在石基上的又矮又胖的锥体，在其中的一边还有一块小小的隆起的肉，好像骆驼的驼峰一样，但是它们的皮肤比任何绸缎都要好看，有的是乳白色的，有的是柠檬色的。它们中间有些特别漂亮：腿上有着粉红色的环，背上镶着深红的花纹，有时候在胸的左边或右边还有一条淡绿色的带子，这身打扮虽然不像条纹蜘蛛那么富丽，但是由于它的肚子不那么松弛，花纹又细致，色彩鲜艳又搭配协调，所以，看起来反而比条纹蜘蛛的衣服典雅、

③外貌描写，描写了蟹蛛锥体、皮肤等，表现了它外表的典雅、高贵。

高贵。人们见了别种蜘蛛都敬而远之，但对美丽的蟹蛛却怎么也怕不起来，因为它实在长得太漂亮，太可爱了，如果它们是一些不会动的小东西，大家一定会对它们爱不释手（亦作爱不忍释。谓喜欢得舍不得放手）。

蟹蛛的巢

在筑巢方面，蟹蛛的高超手艺并不亚于它在觅食时的技艺。

①有一次我在一株水蜡树上找到它，当时它正在一丛花的中间筑巢，它织着一只白色的丝袋，形状像一个顶针：这个白色的丝袋就是它的卵的安乐窝，袋口上还盖着一个又圆又扁的绒毛盖子。

②在屋顶的上部有一个用绒线张成的圆顶，里面还夹杂着一些凋谢了的花瓣，这就是它的瞭望台。从外面到瞭望台上，有一个开口作为通道。

就在这瞭望台上，蟹蛛像一名尽心尽责的卫兵一样，天天守在这里。③自从产了卵之后，它比以前消瘦多了，差不多完全失去了以前那朝气蓬勃的样子，它全神贯注地守在这瞭望台上，一有风吹草动就会全身紧张，进入备战状态，然后从那儿走出来，挥着一条腿威吓来惊扰它的不速之客，它激动地做着手势，叫它赶紧滚开，否则后果自负。它那狰狞的样子和激动的动作的确把那些怀有恶意或无辜的外来者吓了一跳，把那些鬼鬼祟祟的家伙赶走以后，它才心满意足地回到自己的岗位上。

那么它又在那丝和花瓣做成的穹顶下做什么呢？④原来它在舒展着身体来遮蔽它宝贝的卵。尽管此时它已经非常瘦

①叙述，介绍了蟹蛛的丝袋以及上面的绒毛盖子。

②叙述，介绍了蟹蛛屋顶上的圆顶以及其中的瞭望台。

③动作描写、神情描写，介绍了蟹蛛产了卵后的身体状况、坚守瞭望台时的神情，以及发现敌情后的表现。

④叙述，介绍了蟹蛛遮蔽它宝贝的卵时那全力以赴的样子，表现了它对后代无私付出的精神。

小孱弱了，仿佛一阵风就能把它卷走，它已忘记了饮食，为了守望工作不被影响，它现在已抛弃了睡眠，不再去捕捉蜜蜂，吸它们的血充饥，它只是静静地坐在自己的卵上。

我不由想到母鸡。母鸡孵蛋的时候也是这个样子，不同的是母鸡的身体可以提供热量，当它孵蛋的时候，它身上的暖气传导到卵上唤醒了生命的种子。而对于蜘蛛而言，太阳提供的热量已经足够了，蜘蛛母亲不需要再提供热量了。事实上，它也没有什么力量提供热能了。因为这个不同点，我们不能称母蜘蛛对小蜘蛛的守候为“孵育下一代”。

两三个星期后，母蟹蛛因为滴水未进而越来越瘦了。可它的守望工作却丝毫不见有松懈。它似乎一直在等待什么。它究竟在等什么呢？是什么值得它这样用生命去苦苦等待呢？它是在等它的孩子们出来。

而蟹蛛的巢封闭得很严密，又不会自动裂开，顶上的盖也不会自动升起，那么，小蜘蛛是怎么出来的呢？等小蜘蛛孵出后我们会发现在盖的边缘有一个小洞。这个洞在以前的时候是没有的，显然是谁暗中帮助小蜘蛛，为它们在盖子上咬了一个小孔，便于让它们钻出来。可是又是谁悄悄地在那儿开了一个洞呢？

①袋子的四壁又厚又粗，微弱的小蜘蛛们自己是绝不能把它抓破的，其实这洞是它们那奄奄一息的母亲打的。当它感觉到袋子里的小生命不耐烦地骚动的时候，它知道孩子们急于想出来，于是就用全身的力气在袋壁上打了一个洞。雌蟹蛛虽然衰弱得可以随时死去，但为了为它的家庭尽最后一份力，它一直顽强地支撑了五六个星期。然后把全身的力量积聚到一点上爆发出来打这个洞，这个任务完成之后，它便安然死去了。②它死的时候非常平静，脸上带

阅读心得

① 叙述，介绍了雌蟹蛛在死之前，为孩子将袋子打开洞的情景。

② 神情、动作描写，描写了雌蟹蛛死时的表情与动作，表现了雌蟹蛛伟大的牺牲精神。

着安详的神情，胸前紧紧抱着那已没有用处的巢，慢慢地缩成一个僵硬的尸体。多么伟大的母亲啊！雌蚁的牺牲精神令人感动，可是和蟹蛛相比，似乎还略逊一筹。

在七月里，我的实验室中的小蟹蛛从卵里出来了。我知道它们有攀绳的嗜好，所以我把一捆细树枝插在它们的笼上。果然，它们立刻沿着铁笼很快地爬到树枝的顶端，又很快地用交叉的丝线织成互相交错的网，这便是它们的空中沙发。它们安静地在这沙发上休息了几天，后来它们就开始搭起吊桥来。

阅读心得

我把爬着许多小蟹蛛的树枝拿到窗口的一张桌子上，然后把窗户打开。不久小蟹蛛们便开始纺线做它们的飞行工具了，不过它们做得很慢，因为它们总是三心二意的，一会儿爬到树枝下面，一会儿又回到顶上，好像不知道自己要干什么，也不知道该怎么干。

照这种速度，它们在那儿忙乎了半天也没什么成果，它们都急于要飞出去，可是就是没胆量。[1]在十一点钟的时候，我把载着它们的树枝拿到窗栏上，让太阳照射到它们身体上。几分钟以后，太阳的光和热射入它们的身体后积聚起来，成为一个小发动机，驱使小蟹蛛们纷纷活跃起来。只见它们的动作越来越快，越来越敏捷，都一个劲儿地往树枝的顶上爬去，尽管我不能确切地看到它纺着线往空中飞去，但我很相信它们此刻正在树梢上飞快地纺线，蓄势待发呢！

[1] 叙述，介绍了十一点钟时，太阳的光和热射入它们的身体后，蟹蛛的表现。

有三四只小蟹蛛同时出发了，但各自去向不同的方向，其余的也纷纷爬到顶上，后面拖着丝。突然起了一阵风，那些小蟹蛛那样的轻巧，它们编的丝又那么细，风会把它们卷走吗？

我仔细看了看，风的确猝然把细丝扯断了，小蟹蛛们顺着风在空中飘荡了一会儿便随着它们的降落伞——断丝飘走了。我望着它们离去的背影，直到它们在我的视野里消失。它们越飞越远，离出发点有四十尺远了。在黑暗的柏树叶丛中，它们犹如一颗颗闪亮的明星。它们越飞越高，越飞越远，终于看不见了。其余的小蟹蛛也接着飞出去，有些飞得很高，有些飞得很低。有的往这边，有的往那边，最终都找到了自己的安身立命之处。

阅读心得

这时候，所有的小蟹蛛都准备起飞了。而现在已不是开始的时候那样三三两两地飞出，而是呈放射线状一队一队地飞出了，也许几个先锋的英雄行为感染激励了它们。不久它们就陆续安全着陆了，有的在远处，有的在近处，这个简单的降落伞成功地完成了它的使命。

关于它们以后的故事，我就不知道了。在它们还没有力量刺蜜蜂的时候，它们怎么捕食小虫子呢？小虫子和小蜘蛛争斗的话，谁又会占上风呢？它会耍什么阴谋吗？它会受哪些天敌的威胁呢？我都不得而知。不过等到明年夏天，我们就可以看到它们已经长得很肥很大，纷纷躲在花丛里偷袭那些勤劳采蜜的蜜蜂了。

孜孜不倦　废寝忘食

它们越飞越远，离出发点有四十尺远了。在黑暗的柏树叶丛中，它们犹如一颗颗闪亮的明星。它们越飞越高，越飞越远，终于看不见了。

阅读检测

一、填空题

1. 法布尔盯着他眼前的一个目标不停地走，这个目标就是____________。
2. 在法布尔很小的时候，他已经__________________。
3. 法布尔从小就__________________，喜欢昆虫类小动物、小植物。上小学时，他常跑到田野中去，兜里__________________或其他植物、虫类。
4. 法布尔（1823—1915）出生在南部的__________________。
5. 法布尔有一个最大的愿望，就是__________________。当时法布尔还处于__________________，这真是一件不容易办到的事情！
6. 法布尔耗费一生的光阴来观察、研究“虫子”，为“虫子”写出十卷大部头的________________。至于如果要说到法布尔曾经受过____________，那就更谈不上了，从小就没有________________，更没有________________，而且也常常没有什么书可看。
7. 萨克锡柯拉的意思是_______________。

二、选择题

1. 人人都有自己的才能和自己的性格。有的时候这种性格看起来好像是（　　）。

   A. 与生俱来的　　B. 父母给的　　C. 从祖先那里继承来的

2. 当时我心里想出了一个计划，我首先带回去一只（　　）的蛋，作为纪念品。

   A. 蓝色的　　B. 红色的　　C. 黑色的

3. 在居民之中，最最勇敢的要数（　　）了。

A. 白蜂　　B. 黑蜂　　C. 黄蜂

三、简答题

1．小时候的法布尔家境是怎么样的？他又是如何做的？用简短的语言概括出来。

2．用一句话评价《昆虫记》这部作品。

3．在《论祖传》中，当牧师得知法布尔捡鸟蛋时，跟他讲了一席话，之后，他有何感悟？

4．在《论祖传》中我们可以从法布尔身上汲取到什么精神？

5．作者为什么写成一部前无古人、后无来者的《昆虫记》？读了《昆虫记》，你最大的改变是什么？

参考答案

一、填空题

1．有朝一日在昆虫的历史上，多少加上几页他对昆虫的见解

2．有一种与自然界的事物接近的感觉

3．喜欢大自然　　装满了蜗牛、蘑菇　4．法国农民家庭

5．想在野外建立一个试验室　　在为每天的面包问题而发愁的生活状况下

6．什么专门的训练　　老师教过他　　指导者　7．岩石中的居住者

二、选择题

1.C　2.A　3.C

三、简答题

1．法布尔（1823—1915）出生在法国南部的农民家庭。虽然小时候，他的家庭经济条件不好，连中学也没有读完，但他非常努力学习，一直坚持自学。15 岁时，他只身报考阿维尼翁市的师范学院，结果被正式录取。

2．《昆虫记》也叫作《昆虫物语》《昆虫学札记》或《昆虫世界》，它不仅是一部文学巨著，也是一部科学百科。

3．从这一番谈话中，他懂得了两件事。第一件，偷鸟蛋是件残忍的事。第二件，鸟兽同人类一样，它们各自都有各自的名字。

4．法布尔小时候家境不好，但他自强不息、奋发向上，在困境中坚持自学。我们要汲取他学习的勇气、与困境勇敢抗争的精神。

5．作者之所以写出了《昆虫记》，是因为他倾尽一生研究昆虫，掌握了大量的一手资料，所以能轻松地写出这部传世之作。读了《昆虫记》，我发现昆虫的世界是如此的丰富，它们有情感、有生命，有些昆虫还很可爱，我不再像以前那样讨厌昆虫了。

《昆虫记》读后感

你喜欢虫子吗？如果让我实话实说的话，那么，答案只有三个字“不喜欢”。

如果非要我说出理由的话，那我能列出一箩筐，比如，虫子的外观与形状多奇丑无比，虫子多是害虫，虫子是导致室内环境脏乱差的罪魁祸首，等等。

细水长流的时光太匆匆，花落花开的季节流转中，总是独爱花红柳绿、春光明媚的时节，直至遇到了《昆虫记》，我大跌眼镜，了解到在这个世界上，竟然有如此爱虫之人，竟然为虫子消磨了人生最宝贵的光阴。他是谁？为何肯为虫子低到尘埃中去呢？

除了法国杰出昆虫学家、文学家法布尔，这个世界再没有如此奇特的人了。

童年时的法布尔，其家境贫寒，虽然物质生活清苦，但他的精神生活是奢华的，因为他喜欢有偃卧草、刺桐花的大自然，喜欢亲近那些出没于野草丛里或柳树丛里千姿百态、形形色色的昆虫。当他与昆虫零距离接近时，当他去静心观察虫子的衣食住行时，他内心充满了无限的欢喜。无疑，在人生最凄惨晦暗的日子里，那些可爱的昆虫如同一道道闪亮的阳光，照亮并温暖了他悲伤的心，让他对人生充满了无限美好的憧憬。

最为重要的是，在法布尔眼中，那些虫子永远是那么可爱，那么鲜活，那么的与众不同。它们确实也非常有趣，有的住在水塘中，比如，石蚕就生活于玻璃池塘里；有的住在屋子旁边，比如，舍腰蜂；有的个性残忍，比如，狼蛛；有的有特殊的本领，比如，松毛虫能预测天气，是个名副其实的天气预报员。但不论哪一种昆虫，它们都是极为聪明、灵巧的建筑家，它们建造的巢都颇具特色。像人类一样，它们热爱生活，每天辛苦地工作，不管是建设家园，还是寻找食物，它们都兢兢业业。当然，作为母亲的昆虫，与人类的母亲一样，对于自己的孩子充满了无私的爱，为孩子们甘愿付出一切，甚至是生命。

在绿草如茵、繁花似锦的世界中，昆虫是渺小的，微不足道的，无足轻重的，却是不可或缺的，有了它们，这个世界才更为生机勃勃。最有趣的是，形形色色的昆虫构成了一个神奇的王国，这个王国里有和平也有战争，有欢乐也有痛苦。昆虫的王国或许是鲜为人知的，但在那个异彩纷呈的世界中，昆虫们一代一代繁衍、生存着，书写着自己的精彩故事，也吸引着像法布尔这样有远见的研究者、学者去探秘。

法布尔是怎样探秘昆虫世界的呢？这需要静下心来，成年累月地去观察、去亲近自然。这是一项看似简单，实则繁杂的工作。读一读他的《昆虫记》，你就知道这工作有多辛苦，有多有趣了。

《昆虫记》是法布尔花费一生的时间观察、研究、记录“虫子”汇编而成的书。本书分二十五章，从多角度、多层面来为读者解读了不同的昆虫以及它们与众不同的建筑特色、生活习性等，向读者呈现出了一个神奇而美丽的昆虫王国。

在《昆虫记》中，法布尔注重细节、动作、神情、心理描写，并大量地用了比喻等修辞手法，文笔细腻、语言生动形象，文字风格活泼、优美，趣味性极强，完全颠覆了科学著作枯燥、无味、无趣的文风，引人入胜。

快节奏的生活，难得浮生半日闲，如果有时间，读一读《昆虫记》吧！相信跟随法布尔进入昆虫的王国，你会有一次不凡的生命之旅！愿你在春风轻拂的夜晚，悄然沉醉于昆虫的世界，乐此不疲中忘却俗世的烦恼！